# 醉美古风

## Photoshop 零基础学CG插画

痕迹 禾木 编著

电子工业出版社

Publishing House of Electronics Industry

北京·BEIJING

## 内 容 简 介

　　古风插画是动漫、插画爱好者非常喜欢的一种风格。由于绘制插画的相关软件的功能很多且复杂，导致很多喜欢古风CG插画的爱好者入门学习的难度较大。

　　本书由知名古风插画师兼教学讲师所编著，针对零基础读者，详细讲解了在绘制古风CG插画时使用Photoshop软件的操作方法，而且摒弃了不必要的功能和过于简单的操作。本书精心安排了大量具有针对性的精美实例，不仅可以帮助读者轻松掌握软件的使用方法，更能应对绘制古风CG插画时的技术需要。

　　本书知识结构清晰，内容丰富实用，适合广大喜欢古风CG插画的初学者学习，也可以作为动漫专业师生、培训班的参考用书。

**图书在版编目（CIP）数据**

醉美古风：Photoshop零基础学CG插画 / 痕迹, 禾木编著. —— 北京：电子工业出版社, 2021.1
ISBN 978-7-121-39899-5

Ⅰ.①醉… Ⅱ.①痕… ②禾… Ⅲ.①图像处理软件 Ⅳ.①TP391.413

中国版本图书馆CIP数据核字(2020)第215085号

责任编辑：孔祥飞
印　　刷：中国电影出版社印刷厂
装　　订：中国电影出版社印刷厂
出版发行：电子工业出版社
　　　　　北京市海淀区万寿路173信箱　　邮编：100036
开　　本：880×1230　1/16　　　　印张：13.25　　　字数：322千字
版　　次：2021年1月第1版
印　　次：2021年1月第1次印刷
定　　价：89.00元

# 前　言

　　笔者做插画教学已有十多年了，距离出版上一本图书又过了几年。本书相对来说更加基础一点，也加入了笔者在教学过程中新发现的一些问题。

　　除了技法，心态也一样重要，画图是需要耐心和恒心的。要想熟练掌握高级的绘画技法，永远都要先打好绘画基础。对大家来讲，打基础可能相对乏味，千篇一律的练习容易让人失去耐心，这时只有坚持下来才能得到最后的胜利，考验你们的毅力的时候到啦！

　　回想起笔者开设的每堂公开课，现场总会有学员问："老师，你画画多久了？我现在开始学绘画晚不晚？"

　　以完成本书时为节点，笔者从事商业插画也有十多年了，虽然笔者是"科班出身"，但很多经验上的东西都是自学的，笔者也认识很多靠完全自学并且绘画水平非常高的"大触"。笔者在腾讯"绘梦CG学院"开展教学的过程中，拥有了很多亦师亦友的伙伴，大家的年龄层都不同，即便笔者从业多年，也出版了几本相关的图书，依然需要不断学习。所以，从现在开始，永远不晚，一起加油吧！

## 本书内容编排

本书涉及使用 Photoshop 软件进行古风 CG 插画的核心内容，剔除了不必要的理论知识和过于简单的操作，确保了内容的精简性和实用性。书中每个知识点都配有精美、典型的实例进行说明，具有很强的启发性，注重理论与实践相结合。

本书共 10 章，遵循循序渐进的原则安排了学习内容，从简到难，从学习核心技法到实战应用，确保读者可以轻松、快速入门：第 1 章讲解了 Photoshop 的基础知识；第 2 章讲解了使用 Photoshop 进行绘画的基本操作；第 3、4 章讲解了 Photoshop 的选区、图层的应用，并一一列举了 CG 绘画的实战案例；第 5 章讲解了常见绘画工具的应用；第 6 章讲解了颜色与色调调整，帮助读者掌握使用 Photoshop 进行古风 CG 绘画的核心功能；第 7 章讲解了古风人物的绘制，使读者熟练掌握绘制不同古风人物的综合技法；第 8、9、10 章使用综合案例全面讲解了如何绘制古风女子、男子、Q 版人物，让读者熟练掌握完整作品的绘制流程。本书附录还收纳了笔者精美的古风插画作品，给读者作为赏析，并且配有"创作思路"，旨在为读者打开思路，增长见识。

## 本书主要特色

**实用的内容详解：**

本书按照学习古风 CG 插画的需要，针对性地讲解了 Photoshop 软件的功能及操作，帮助读者简单、快速、高效地掌握绘制古风 CG 插画时 Photoshop 软件的使用方法。

**专业的教学设计：**

本书特别设计了适合初学者的学习方式，用准确的语言总结概念，用直观的图示演示过程，用详细的注释拓展知识，用全面的图例展示效果，帮助读者更快地上手和记忆。

**科学的绘制流程：**

本书设计了多个完整的综合案例，把插画师从前期构图、细化线稿到后期上色的绘制流程科学地展现出来，让读者对整个古风 CG 插画的绘制流程有全方位的了解。

**精美的插画案例：**

本书收纳了大量精美的插画案例，让读者能够接触丰富多样的古风 CG 插画的绘制思路，不仅为读者在学习中带来赏心悦目的体验，还能帮助读者掌握古风画面的美感。

本书内容力求严谨、细致，但由于作者水平有限，书中难免存在疏漏和不妥之处，恳请广大读者批评、指正。

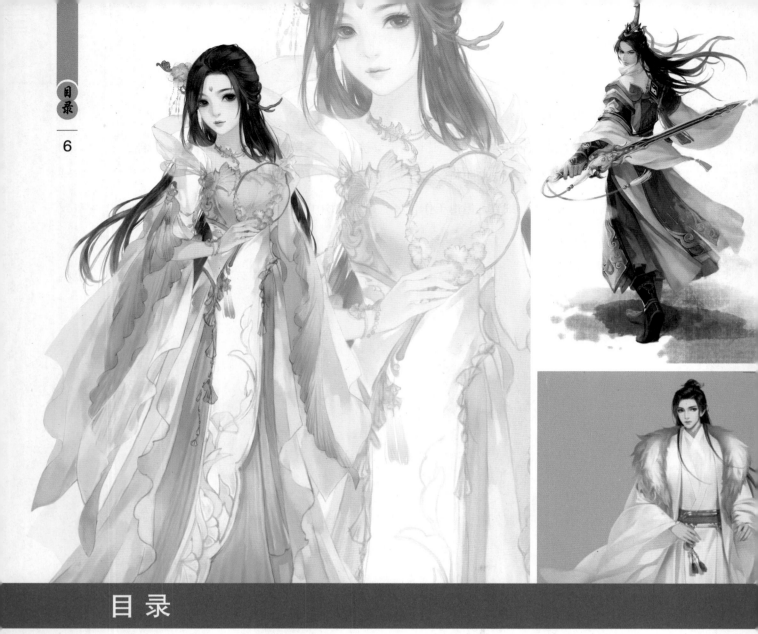

# 目 录

# 目录

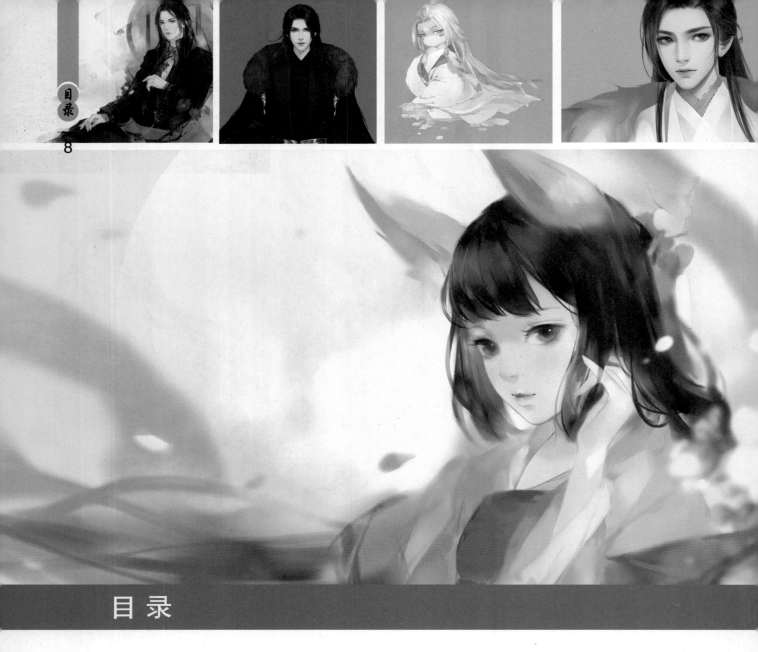

# 目录

# 目录

# 第1章 Photoshop 基础入门

## 1.1 Photoshop 在 CG 绘画中的应用

近年来，数字绘画技术飞速发展，可以说，在商业插画领域，CG 绘画已经成为最主流的一种绘画方式。在传统的绘画过程中，需要准备各种绘画工具，然后通过复杂的绘画流程，才能完成一幅完整的作品。与传统的绘画方式相比，CG 绘画则要更加方便和快捷，能够更好地适应当前市场巨大的需求量。CG 插画刚刚出现的时候，我们常见的 CG 绘画风格主要分为欧美风和日韩风，随着其不断地发展、成熟，出现了各种不同的绘画风格。

在 CG 插画的创作过程中，常用的绘画软有 Photoshop、Painter 以及 SAI 等。Photoshop 以其丰富且强大的功能，被大多数绘画创作者使用，在 CG 插画中有着相当广泛的应用。

Photoshop 自身具备的各项功能，能使绘画创作者创作起来更加得心应手，进而创作出各种精妙绝伦的作品。如右上图所示，这是使用 Photoshop 软件完成的作品。

# 1.2 安装与卸载 Photoshop

在学习和使用 Photoshop 软件进行绘画创作之前，我们首先要懂得如何正确地将软件安装到自己的计算机上，Photoshop 的安装过程与其他应用软件都是类似的。另外，因为 Photoshop 软件主要应用于图像处理，所以常常对计算机的硬件有一定的要求，不过就目前计算机行业的发展来说，除非是特别老旧的计算机，其他主流配置的计算机一般不存在这方面的问题，在此就不赘述了。下面简单介绍 Photoshop 软件的安装与卸载。

## 1.2.1 安装 Photoshop

打开从 Adobe 官方网站下载的 Photoshop 软件安装文件，或者将 Photoshop 安装光盘放入计算机的光驱中，然后找到 Set-up 文件，单击鼠标右键，在弹出的菜单中选择"以管理员身份运行"选项，如下图所示。

安装程序开始运行之后，在"Adobe 安装程序"界面中选择"忽略"选项，然后会进入初始化界面，如下图所示。

初始化安装程序读条结束之后，将会进入"欢迎"界面，有"提供序列号"和"试用版"两个选项供我们选择。输入序列号即可直接永久使用，安装试用版之后可免费使用一

醉美古风：Photoshop 零基础学 CG 插画

11

个月，如下图所示。

随后安装程序将会进入安装选项界面，和其他应用软件的安装过程类似，可以自行选择软件的安装路径，设置好之后单击"安装"按钮即可，如下图所示。当安装进度读条结束之后，即可完成安装。

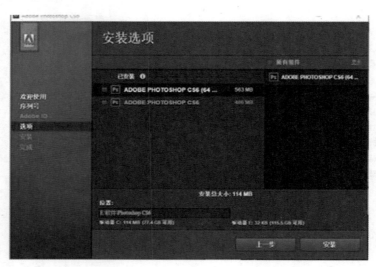

## 1.2.2 卸载 Photoshop

在使用 Photoshop 的时候，难免会遇到软件不能正常使用的情况，比如，绘画过程非常"卡"，或者常常因软件异常退出程序等。在这种情况下，我们可以将其卸载并重新安装。这样一来，不仅能够让我们的工作顺利展开，还能在一定程度上让相关数据的稳定性得到保障。Photoshop 的卸载和其他应用软件的卸载过程类似。

首先，进入系统设置中的应用和功能界面，如下图所示。

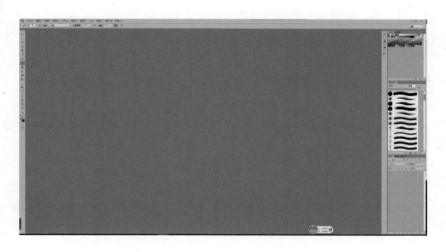

在应用和功能列表里找到 Photoshop 并单击，然后选择"卸载"选项，系统会弹出软件卸载进度读条，卸载完成之后，将会弹出完成卸载的提示信息。

# 1.3 Photoshop 的工作界面

随着软件版本的不断升级，Photoshop 的工作界面布局也更加合理和人性化。基于软件本身的强大功能，Photoshop 的应用范围非常广泛，对于从事不同类型工作的人群来说，其需求不同，经常使用的软件功能也会有一定差异。对于绘画创作者来说，需要对 Photoshop 的工作界面进行对应的设置，以适应自身的工作需求。

## 1. 工作界面

启动 Photoshop 软件，其工作界面由菜单栏、选项栏、标题栏、工具栏、状态栏、文档、窗口以及各个面板组成，如下图所示。

## 2. 菜单栏

在 Photoshop 的菜单栏中，包括的各项内容如下图所示。与其他大多数的软件类似，Photoshop 的菜单栏处于软件界面最靠上的位置，在对软件进行各种操作的时候，能达到整体规划的效果。

Ps 文件(F) 编辑(E) 图像(I) 图层(L) 文字(Y) 选择(S) 滤镜(T) 3D(D) 视图(V) 窗口(W) 帮助(H)

## 3. 标题栏

通过标题栏，我们可以了解当前文件的各项信息，包括名称、格式、窗口缩放比例以及颜色模式等，如下图所示。

醉美古风 @ 100%(RGB/8) ×

## 4. 工具箱

Photoshop 的大多数工具均可以在工具箱菜单中找到，如右图所示。在显示工具箱菜单时，你可以根据自身习惯进行选择。单击其顶部对应的图标，工具箱就会以双栏的形式展开显示；在展开显示状态下单击对应的图标，则会恢复单栏的显示模式。在使用 Photoshop 画图时，并不是所有的工具都会经常用到，比较重要的工具有以下几种。

套索工具，在选择一些不规则范围区域时使用，是绘画过程中经常使用的一个选区工具。

画笔工具，我们在进行创作时，最常使用的工具就是画笔工具，其作用与传统绘画中各种类型的画笔类似，所以其重要性不言而喻。

吸管工具，可以使用该工具对画面中某个部位的颜色进行定点选取。

橡皮擦工具，和现实生活中橡皮擦的作用类似，该工具用于擦除画面中多余的内容，从某些方面来说，我们可以将其理解为另一种形式的画笔工具，其使用频率也非常高。

钢笔工具，这也是一种经常使用的选区工具，主要用于更为精准的区域选择。

涂抹工具，通过选择不同的笔刷，可以用于颜色之间的过渡或者对一些局部的图形进行简单调整。

## 5. 控制面板

就控制面板而言，其主要作用是在图像编辑的基础上，能更好地控制对应的操作过程，并且能够对一些参数进行适当设置。

在默认情况下，控制面板以两个竖排的方式排列，并且靠左一列的控制面板处于隐藏状态，单击其右上角对应的按钮，即可展开该控制面板，显示详细内容。我们可以通过单击菜单栏的"窗口"选项，查看控制面板的各项内容。对于绘画创作者来说，并不是所有的控制面板都会用到，最常用的有色板、图层、通道、路径，如右图所示。在一般情况下，我们会将这些常用的面板放在自己最顺手的位置，比如，放在Photoshop界面右侧，当然你也可以根据个人习惯进行摆放。导航器、画笔预设以及历史记录等面板在绘画过程中应用得比较多。

下面对这些常用面板进行简单介绍，其中部分重要面板的详细内容和用法将会在下文进行更具体的介绍。

### ① 颜色

如下图所示，两个相叠的方块分别代表前景色和背景色。在默认情况下，画笔颜色为前景颜色，即上面方块所选取的颜色，然后我们可以通过单击其中某一个方块进入拾色器，在拾色器中进行颜色的选取，或者通过调整其后方的各项数值来选择颜色。

### ② 图层

简单来说，我们可以将图层看作一张"胶片"，包含图形、色彩、文字等对应的元素。我们可以分别对每一张"胶片"进行变形、调色等操作，然后按照一定的顺序，将这些胶片叠在一起，构成画面最终的整体效果。因此，每一个图层可以说是独立存在的，为了达到某个效果，绘画创作者可以随意地对其进行调整，图层在绘画创作过程中发挥了重要作用，能够在很大限度上促进绘画的顺利进行，这也是CG绘画比传统绘画方便的重要原因。

另外，图层还有一些其他的选项和设置，正确使用的话，将会对我们的绘画创作过程带来极大的便利，如图层属性、色彩调整、图层锁定、图层蒙版以及图层不透明度的设置等，这些内容的具体用法会在下文中具体讲解。

# 第 2 章 图像的基本操作

## 2.1 数字图像基础

### 2.2.1 像素

在 CG 绘画中，展现给人们的图像是由一个个非常小的方形色块为基本单位构成的，这些基本单位即为像素，也就是 Pixel。

像素通过横向或者纵向的方式排列，最终构成整个图像。如果我们不断放大图像，当放大到达一定程度时，图像就会出现马赛克，这些方形色块就是像素。

### 2.2.2 图像格式

就目前已有的信息来看，图像格式分类繁多，但是在 CG 绘画领域，并不是所有的图像格式都会用到。在对图片进行存储时，最常见的格式为 JPEG（*.JPEG;*.JPG;*.JPE），其次为 PNG（*.PNG），使用 Photoshop 软件存储的源文件格式为 PSD（*.PSD;*.PDD），其他格式还有 GIF、BMP、EPS、PDF、CDR 等。

一般来说，当使用我们绘制的作品时，基本上是用 JPEG 或者 PNG 格式的图片。比如，用于插图时，就会使用 JPEG 格式的图片；当用于游戏时，常常会使用 PNG 格式的图片。我们可以通过观察如下图所示的两张图片来区分两种图片存储格式之间的不同，左边为 JPGE 格式，右边为 PNG 格式。

JPGE 格式          PNG 格式

### 2.1.3 图像分辨率

分辨率的单位是点 / 英寸（PPI），每英寸上的像素越多，对应的分辨率就越高。分辨率越高，其清晰度也越高，放大图像之后，能够看到的细节就越丰富。

简单来说，以常见的图像分辨率 300ppi 为例，其具体含义是指，在一个单位长度内（即1 英寸），总共包含 300 个像素点。

如果图像的分辨率设置得比较小，那么整个图像内包含的像素就比较少，其内部细节也较少，并且文件所占内存也比较小。因此，如果想要画出更多的细节，就需要将图像的分辨率适当设置得大一些。

### 2.1.4 色彩理论

#### 1. 色彩属性

在对色彩进行分类时，我们可以简单地将其分为有色彩和无色彩，色彩主要由色相、明度和饱和度三种属性构成。

##### ① 色彩分类

无色彩：顾名思义，就是没有色彩，主要包括黑、白、灰，如下图所示。在可见光谱中，并不存在黑、白、灰，所以不能将其归类在色彩的范畴中。抛开理性的分析，从感性的角度来讲，黑、白、灰也归类在色彩里。

有色彩：就是在可见光谱中存在的所有色彩，以红、橙、黄、绿、蓝、紫为基础色，通过各种方式的混合，再通过与不同程度的黑、白、灰进一步混合，得到对应的色彩，如下图所示。可想而知，可以得到数不清的色彩。

② **色彩的三种属性**

色彩的属性主要包括色相、明度以及彩度（即饱和度）三种。在 Photoshop 的拾色器中，分别以 H、S、B 三个字母表示，如下图所示。下面进一步介绍这三种属性。

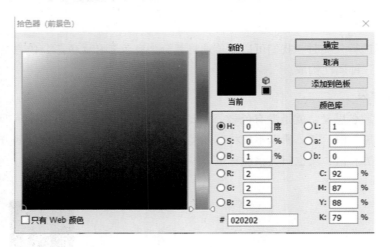

色相：我们在对色彩进行描述时，首先看到的是其对外展现的内容，即其色相。我们常常说的红、橙、黄、绿、青、蓝、紫七种色彩就是最基本的几种色相。在 Photoshop 的拾色器中，色相是以条形连接的，事实上，其最上方和最下方的色相是一样的，将其连接起来就可以形成一个环形的色相集合，一般将其称为色相环，有时也叫作色轮，如右图所示。

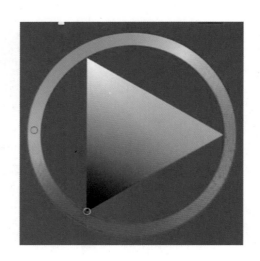

明度：顾名思义，是指色彩展现出来的明亮程度。有时，我们也可以将其称为亮度。简单来说，就是色彩本身的素描关系，即黑、白、灰关系。色彩的亮度越高，就会越白；反之，亮度越低，就会越黑。色彩明度渐变效果如下图所示。

彩度（饱和度）：色彩存在外向性格和内向性格，前文提到的色相为其外向性格，而内向性格则表现为其彩度，也就是我们常说的色彩的饱和度。更直观地说，也就是色彩鲜艳或者浑浊的程度。需要注意的是，对于黑、白、灰来说，它们是不存在彩度的，也不属于任何色彩系。

当确定色彩的彩度时，通常根据该色彩中的中性色含量确定色彩的彩度，也就是黑、白、灰的含量。如下图所示，其彩度从左至右依次降低。

## 2. Photoshop 色彩术语

就 Photoshop 来说，在使用时，主要有色阶、色调、饱和度、亮度和对比度等色彩术语。

色阶：一般我们看到的是色彩模式下的图像，就画面本身来说，显然是具备其对应的明暗度的，这个明暗度即为色阶。当需要进行调整画面的明暗度时，就可以通过调整色阶来实现。

色调：通常来说，为了使图像看起来更有整体感，其表现出来的样子要有一个主色调，比如，红色调、黄色调等。改变画面的色彩，使其在各种色彩之间进行调整，即为色调调整的过程，我们可以使用 Photoshop 的相关功能，分别对其进行调整。

饱和度：也就是画面色彩的鲜浊程度。

亮度：亮度对明暗色调的强度有直接影响，表示整个画面里的明暗程度。

对比度：很显然，任意两种色彩之间都存在一定的差异，它们之间的差异越明显，对比度就越大。

## 2.1.5 色彩模式

不同色彩在相同属性下的集合即为色彩模式，图像显示和打印的色彩模型对其有直接影响。在 Photoshop 中，有多种色彩属性，具体如下图所示。

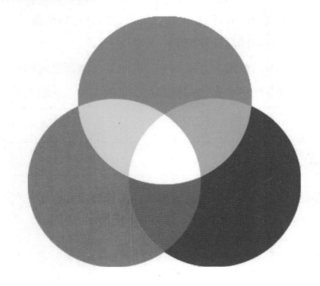

就 CG 插画来说，在一般情况下，默认在 RGB 模式下绘画，如果需要打印，为了避免打印出来的色差太大，一般会使用 CMYK 模式。有时也可以用 RGB 模式绘画，最后需要打印时再改成 CMYK 模式。除了这两种常用的模式，其他模式用得相对较少，灰度模式偶尔可能也会用到，比如，查看画面整体的素描关系。下面对这两种模式进行具体介绍。

## 1. RGB 色彩模式

在所有的色彩模式中，最基础的就是 RGB 色彩模式，其主要使用加色原理。RGB 三个字母分别代表的是红、绿、蓝三种色彩的英文首字母，该色彩模式主要就是根据不同的比例将这三种色彩进行混合，进而生成其他各种色彩，如下图所示。在各种屏幕上显示出来的色彩，或者在网上保存后传输的色彩，都是在这种色彩模式下进行表现的。在 Photoshop 中，这是最常用也是最基本的一种色彩模式。

### 2. CMYK 色彩模式

与 RGB 色彩模式的加色原理相反，CMYK 色彩模式主要使用减色原理，通过对青色、洋红色、黄色和黑色四种色彩进行不同比例的混合而产生出各种色彩。值得注意的是，CMYK 中的青色、洋红色和黄色分别是 RGB 模式下三种色彩的互补色，将这三种色彩充分混合，最终并不能得到纯黑色，能得到暗棕色已经是极致了，正是因为这个原因，才会在该色彩模式中加入黑色，

如右图所示。对于印刷刊物或者打印类文件，基本上都以 CMYK 色彩模式为标准。

### 3. RGB 和 CMYK 色彩模式的色彩对照

在大多数情况下，色彩的饱和度越高，两种色彩模式下的色彩区别越明显。如下图所示，两张图为相同色彩在不同色彩模式下的效果，从上到下分别是 RGB 模式和 CMYK 模式，通过观察可以明显看出这一特点。

# 2.2 新建与保存文件

## 2.2.1 新建文件

首先，打开 Photoshop 软件，在菜单栏中执行"文件"→"新建"命令，弹出"新建"窗口，如下图所示。

然后给图像文件命名，设置尺寸。在一般情况下，选择"预设"中的国际标准纸张，"大小"中的 A4 也是一个常见的画布大小，其他选项基本不需要做进一步调整。当然，如果合作方对尺寸专门提出要求，按照其给出的尺寸再进行设置即可，或者你对构图已经有了想法，按照自己想的去设置就可以了。

## 2.2.2 保存文件

可以在新建文件之后就保存文件，也可以画一些内容之后再保存文件，快捷键为 Ctrl+S 组合键，和其他软件中的文件保存操作类似。这里我们需要说一下保存格式，在 Photoshop 中，图像保存的格式选项有很多，如右图所示。作为源文件，我们选择的是 PSD 格式，这样图像的各个图层都包括在文件里面，方便后续使用时对其进行处理。

使用图像时基本不会以源文件的形式呈现，通常是将文件存储为 JPEG 或者 PNG 格式来使用。

### 2.2.3 导入与导出文件

在一般情况下，我们会将图像存储为其他格式，用于各方面的使用，最常见的就是JPEG 和 PNG 文件格式。PSD 格式的文件包括多个图层，可以通过不同的组合得到不同效果的图像。如果想分别组合，然后存储，当然是可以的，但是相对来说速度太慢，这时可以先在 Photoshop 中对图层进行整理，得到对应的图层，然后使用快速导出的方法分别得到各个图层对应的图片文件，具体方法如下。

首先新建一个图像文件，然后新建 4 个图层，分别输入"醉""美""古""风"4 个字，分别将这个 4 个字以 JPEG 格式导出，如下左图所示。

接着关闭"背景"图层，如下右图所示。

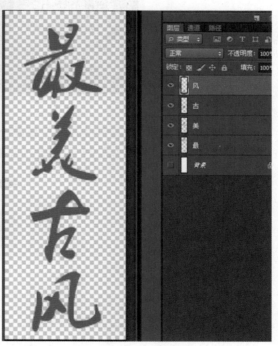

在菜单栏中执行"文件"→"脚本"→"将图层导出到文件"命令，如下图所示。

　　按照下图所示对导出文件的各项信息进行设置。注意，当"文件类型"选择为 JPEG 格式时，看具体情况设置"品质"，这里有 8 和 24 两个选项，我们选择品质 8。

 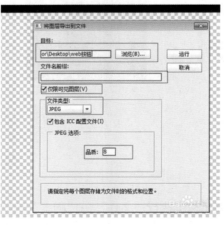

　　然后就能得到对应的导出文件。当导出文件为 PNG 格式时是自动裁剪的，会得到如下图所示相同尺寸的 4 张图片。

与导出 PNG 格式文件不同的是，当选择导出 JPEG 格式文件时，并没有自动裁剪功能，最终得到的图像大小是不一样的。

这样得到的图像文件在使用时可能会带来很多不便。因此，在导出之前，我们需要对各个文字图层做一些调整，分别将其对齐，然后对画布进行裁切，如下图所示。

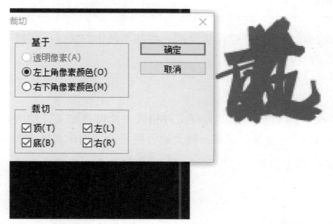

在菜单栏中执行"图像"→"裁切"→"确定"命令，然后得到裁切之后的图像，如下图所示。

按照前面的操作步骤，选择 JPEG 格式，导出文件，就能得到相同尺寸大小的 4 张图片文件。

## 2.3 保存与关闭文件

### 2.3.1 保存文件

我们已经在前文简单提到关于保存文件的一些基本操作方法，下面进一步讲解几种常见图片格式及其保存方法。

#### 1. PSD 格式

PSD 格式是 Photoshop 软件默认的保存文件格式，能够存储文件的所有信息。图像所有的图层都可以通过 PSD 格式保存下来，极大地方便了绘画创作者修改和使用文件。

保存方法：在菜单栏中执行"文件"→"存储为"命令，系统将会弹出一个对话框，如下图所示。

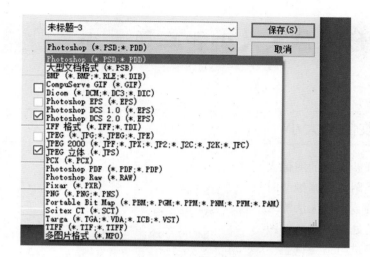

然后找到对应的存储位置，给文件命名，存储格式选择 PSD 格式，单击"保存"按钮。

### 2. JPEG 格式

在目前所有的图片格式中，JPEG 格式的图片的应用范围最广，一些可能不太明显的细节会在存储过程中被删减，因此存在一定的有损压缩。一般我们将图片分享到网络上都会上传 JPEG 格式的图片，其存储方法与存储 PSD 格式文件的方法大同小异，存储格式选择 JPEG 格式即可。

### 3. PNG 格式

PNG 格式是最不失真的一种图片格式，图像在存储过程中会被压缩，但并不会丢失细节，弥补了 JPEG 格式的不足，大多数游戏或者网页中的图标一般都是存储为 PNG 格式来使用的。其保存方法在此不多拼了。

---

## 2.3.2 关闭文件

在一般情况下，在关闭文件之前，是要手动保存的。但难免会有忘记的时候，不过也不需要担心，因为只要在关闭文件之前没有手动保存，并对图像做了一些处理，哪怕只有一步操作，在关闭文件时，系统会弹出对应的提示窗口，如下图所示。

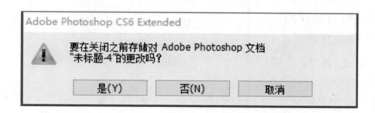

有了这样的提示，我们就可以根据具体情况选择是否保存文件。

## 2.4 修改像素大小和画布大小

### 2.4.1 修改像素大小

如果刚开始设置的图像大小太小，放大图像刻画细节时就会出现马赛克，就无法深入刻画，常用的处理方式是对图像的像素大小进行适当调整。在菜单栏中执行"图像"→"图像大小"命令，打开"图像大小"窗口，如右图所示。

修改像素大小时，直接在"像素大小"模块对应的选框中输入适当的数值即可。注意，一定要记得勾选"约束比例"选项，否则可能会使图像变形。

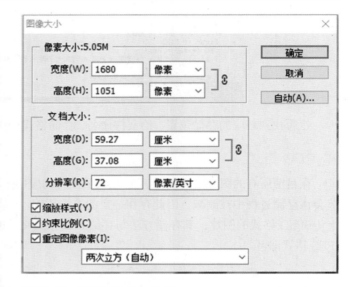

同理，如果要在图像中使用样式，也要勾选"缩放样式"选项。

### 2.4.2 修改画布大小

整个图像所有的工作区域即为画布，图像大小直接受到画布大小的影响，特别是如果需要打印出来，其显示出来的整体效果也会因为画布大小而有所差异。因此，需要对画布的大小和方向进行有效控制，为最终输出效果提供保障。

在菜单栏中执行"图像"→"画布大小"命令，打开"画布大小"窗口，如右图所示。

按照出版刊物的需求，对其"高度"和"宽度"的数值进行设置，这里因为案例图像已经是标准尺寸，所以我们就随意设置一个数值，仅作演示。另外，为了让画面看起来比较和谐，可以单击"画布扩展色彩"后面的小方框，进入拾色器，吸取与背景色相似的色彩即可，最终效果如下图所示。

　　注意，如果需要调整的大小比原画布小，也就是新画布的宽高都比当前画布小，确定修改之后得到的将会是一个被剪切的图像。确定剪切之前，系统会有对应的提示，如右图所示。

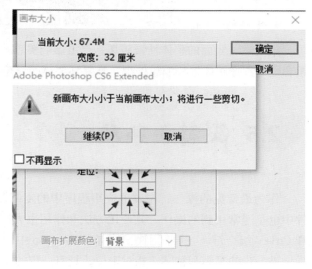

得到的图像剪切效果如下图所示。

很显然，画面的整体性被破坏，严重影响美感。遇到这种情况时，我们可以按 Ctrl+T 组合键对图像整体进行缩放处理，恢复其整体的完整性。

## 2.5 复制和粘贴

作为最常见的操作，与其他应用程序中的复制和粘贴操作一样，它们在 Photoshop 软件中也是经常用到的操作，其使用方法和作用也大同小异，快捷键也一样，分别是 Ctrl+C 和 Ctrl+V 组合键。主要区别在于，在 Photoshop 中，可以对一些局部的图像进行选取，然后做进一步的复制和粘贴，相对来说，具有一定的特殊性。

### 2.5.1 复制和粘贴图像

最简单的是图像整体复制，有时为了保险起见，避免因意外情况导致损坏图像之后不能找回，我们可以对图像进行备份。在菜单栏中执行"图像"→"复制"命令，可以重新生成一个完全一样的副本文件，如下图所示。

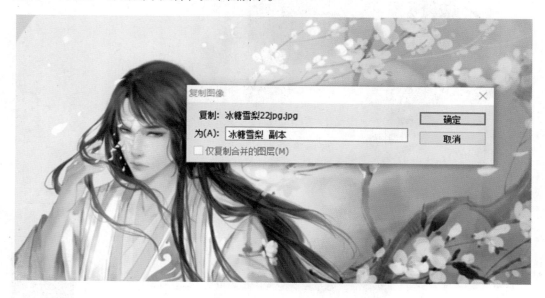

### 2.5.2 复制和粘贴选区

图像局部的复制和粘贴在绘画中的使用频率很高。比如，有时需要对画面中的某个部位进行一些调整，但是还不确定修改之后是否比当前版本好，就可以先把当前图层、选区或者图像复制下来，再进行调整，完成之后将二者比较，选择效果好的那个版本即可。

具体操作：对需要调整的区域创建选区，在菜单栏中执行"编辑"→"复制"命令，也可以按下 Ctrl+C 组合键，通过这个操作，将选区内的信息复制到剪切板上。

然后单击鼠标右键，在弹出的菜单中选择"通过拷贝的图层"选项，或者直接按 Ctrl+V 组合键，这样系统就会新建一个图层，图层上的内容即为我们选择的部分，如下图所示。这样对其进行的各项操作都不会影响原来的图层。如果选择的是"通过剪切的图层"选项，那么修改之后就有可能不能恢复到之前的状态。

这部分的内容修改好之后，就可以将其与其他图层合并。

### 2.5.3 复制与粘贴文字

有时可能会在图像中加一些文字，复制单独的文字非常简单，直接按 Ctrl+C 组合键复制需要的文字，然后在 Photoshop 里单击 "T" 图标，进入文字编辑，最后按 Ctrl+V 组合键粘贴即可。下面要讲到的是文字的图层样式，当需要用到相同的文字效果时，每次都重新设置可能会比较麻烦，如右图所示，直接找到之前做好的文字图层，然

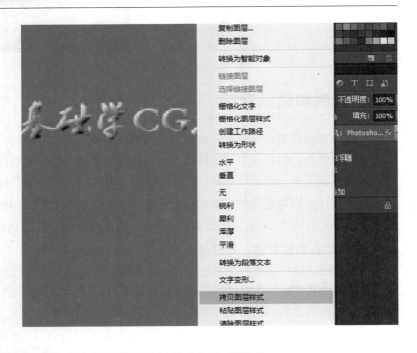

后单击鼠标右键，在弹出的菜单中选择"拷贝图层样式"选项即可。

回到当前需要添加相同图层样式效果的图像，输入对应的文字，找到文字图层，单击鼠标右键，在弹出的菜单中选择"粘贴图层样式"选项，然后当前文字的效果样式就与之前的统一了。其实图层样式并不只应用于文字，应用于图像的图层样式的使用方法也是类似的。

## 2.6 从错误中恢复

不只是 CG 绘画，在传统绘画中也难免会出现错误，只不过相对于传统绘画，CG 绘画在遇到这些问题时，解决起来会方便得多，最常用的方法就是进行撤销操作，这样之前的错误操作就被撤销了，其快捷键为 Ctrl+Z 组合键，这个快捷键只能返回到上一步，如果连续两次撤销，相当于没有改变。如果出现多步错误操作，需要连续往回撤销很多步，就需要按下 Ctrl+Alt+Z 组合键。

如果需要撤回的操作实在太多，或者觉得当前效果不如上一次画完之后的效果，就可以在菜单栏中执行"文件"→"恢复"命令，单击图像后就会恢复到此次刚刚打开文件时的状态，也就是上一次存储的状态，如右图所示。

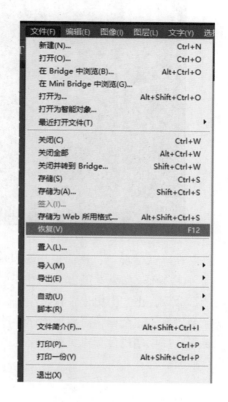

## 2.7 用历史记录面板进行还原操作

对于绘画过程中遇到的一些错误操作，前文已经讲了最基本的解决方法。在大多数情况下，撤销仅适用于错误操作并不多的情况，如果错误操作很多，一直不停地按撤销快捷键也比较麻烦。对于这种情况，一般使用历史记录面板会更加方便，这也是对前一个方法的进一步完善。

当我们在 Photoshop 中打开一个图像文件后，从"打开"图像这个操作开始，之后的每一个操作步骤都被记录在历史记录面板中，如下图所示。单击其中一个步骤，图像就会恢复到对应操作步骤刚刚执行后的状态。需要注意的是，如果进入这个步骤之后直接进行其他操作，那么之前历史记录面板记录下来的步骤将会被抹去。

在默认情况下，该面板能够展示 20 条历史记录。也就是说，历史记录面板默认存储前 20 步操作。如果觉得 20 条历史记录太少，可以在菜单栏中执行"编辑"→"首选项"→"性能"命令，把"历史记录状态"后面的数值调到适当大小即可，这样能够恢复的历史记录就会更多。这个调整需要根据你的计算机配置来设置，因为数值越大，占用的系统内存就越多，如果超过计算机负荷，可能会出现图像处理速度缓慢的情况，情况严重时软件可能会崩溃。

## 2.8 图像的变换与变形操作

### 2.8.1 自由变换和变换

打开菜单栏的"编辑"菜单，会看到"自由变换"和"变换"这两个选项，如下图所示。"变换"选项下面还有更多的选项可供选择，其实"变换"选项里的功能都可以用"自由变换"选项结合快捷键的操作来实现。

要使用变换功能，对于背景层是不起作用的。所以，我们通常在背景层上方新建图层，然后进行相关的绘制和调整。

使用 Photoshop 进行自由变换的快捷键是 Ctrl+T 组合键，当然你可以根据个人习惯重新设置。通过自由变换，可以对当前图层的图像或者选择的局部图像进行对应的操作，包括移动、缩放和旋转等。

接下来，我们对 Photoshop 的变换功能进行进一步介绍，在熟练掌握之后，对绘画效率的提升有极大帮助。首先确定需要编辑的选区，然后在菜单栏中打开"编辑"菜单，选择"变换"选项，其后面的展开选项有其他具体的变换功能，如下图所示。

也可以直接按 Ctrl+T 组合键，然后单击鼠标右键，在弹出的菜单中选择对应的变形选项即可。

醉美古风··Photoshop 零基础学 CG 插画

## 2.8.2 缩放

与传统绘画相比，CG绘画最明显的优势就是调整起来特别方便，有时画面整体或者局部的比例需要进行调整，我们可以利用变换中的缩放功能对对应的部分进行放大或者缩小。另外，在变形的同时按住 Shift 键，就可以对需要调整的部分进行等比例缩放。

我们也可以按 Ctrl+T 组合键，在出现变换框后缩放图像，如右图所示。

## 2.8.3 旋转

在菜单栏中执行"编辑"→"变换"→"旋转"命令，就可以对选中的图层或者选区进行对应的旋转变换。也可以直接按 Ctrl+T 组合键，单击鼠标右键，在弹出的菜单中选择"旋转"选项即可。

当将鼠标光标放在变形选框内部时，可以移动选中图像的位置，将鼠标光标移动到选框之外，然后将其放在方形选框的四个角上，可以将其随意旋转，如右图所示。

另外，有时可能需要进行比较精确的旋转，此时直接给变换工具属性栏中的"角度"选项设置对应的数值即可。变换工具属性栏各项内容的具体含义如下：

：表示控制点，中间的白点表示原点，可以根据具体情况移动原点位置，然后就会以该点为中心进行旋转。

X: 839.50 像 △ Y: 163.38 像 ：表示坐标轴。

W: 100.00% ：表示宽度。

：表示锁定图像的比例。

H: 100.00% ：表示高度。

△ 31.37 度 ：表示角度。

## 2.8.4 扭曲

在菜单栏中执行"编辑"→"变换"→"扭曲"命令，就可以对选中的图层或者选区进行对应的扭曲变换。也可以直接按 Ctrl+T 组合键，单击鼠标右键，在弹出的菜单中选择"扭曲"选项，然后根据具体情况拖动各点即可，如右图所示。也可以利用"斜切"对物体的造型进行适当调整，"扭曲"与"斜切"大致是一致的，最大的区别为在"扭曲"状态下，方形选框四个角上的点的可动区域更加灵活，你可以针对具体情况在 Photoshop 中多多实践。

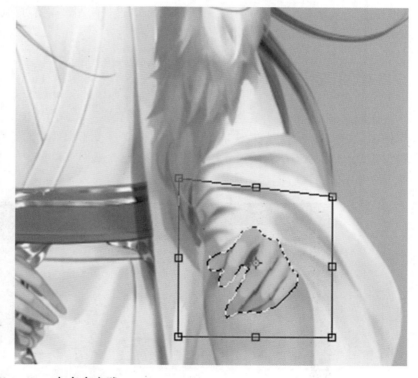

### 2.8.5 透视

在菜单栏中执行"编辑"→"变换"→"透视"命令，可以对选中的图层或者选区进行对应的透视变换。也可以直接按 Ctrl+T 组合键，单击鼠标右键，在弹出的菜单中选择"透视"选项，然后根据具体情况拖动各点即可，如右图所示。在绘画过程中，常常会画到对称造型，为了提高绘画效率，常常会只画其中一个

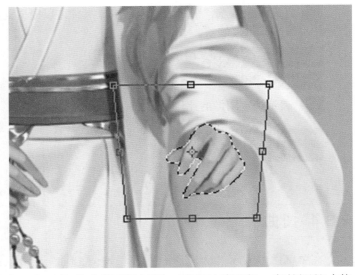

造型，然后复制和粘贴出另一个，由于角度或者透视问题，需要对其进行一定的调整才能使画面看起来更加和谐。

### 2.8.6 变形

按照前文介绍的各种变换方式就可以进入"变形"状态，另外，还可以在按 Ctrl+T 组合键之后，直接单击属性栏中的"变形"图标。在变形属性栏的扩展选项中已经有很多预置变形，如果没有适合的，还可以自行变形，这个变形工具非常方便，效果也比较明显，是一个常用的工具，如下图所示。

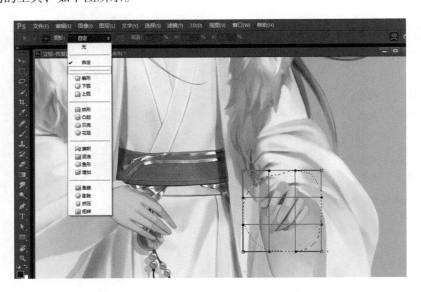

比如"拱起"，在功能属性栏调整其变形属性数值，即可得到最终的拱起效果，如下图所示。

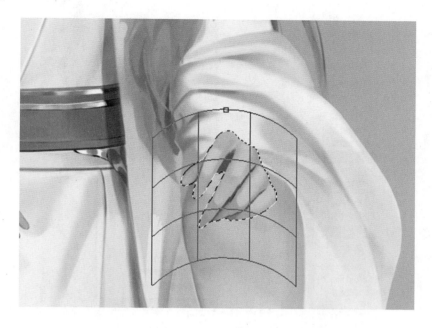

### 2.8.7 旋转与翻转

就 Photoshop 里的"旋转"来说，分为 180 度旋转、顺时针和逆时针 90 度旋转三种旋转方式，如下图所示。

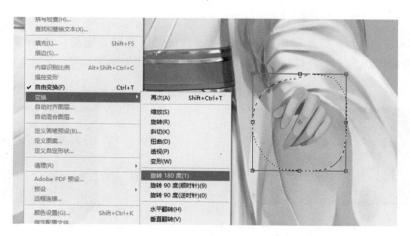

而"翻转"分为水平翻转和垂直翻转两种翻转方式，旋转和翻转的对象一般为当前选中区域或者图层，具体操作都非常简单，你可以自行实践，这里就不赘述了，如下图所示。

除了上面几种比较常用的变换方式，还有变换复制、画布旋转以及映射等多种变换方式供我们选择，使用方法都大同小异，你可以在 Photoshop 中进一步实践，这里不再进行详细讲解。

## 2.8.8 斜切

使用斜切工具时，以选择的边线为基准，按住鼠标左键并拖动，就能够对选区进行拉伸和压缩操作。为了更直观地展示斜切工具的效果，我们使用如下图所示的颜色方块做示范。

# 第3章 选区的基本应用

## 3.1 认识选区

### 3.1.1 选区

　　根据具体需求，使用 Photoshop 软件中对应的工具或者相关命令，创建相关的图像区域，这样的图像区域即为选区。当需要对图像的局部进行相关处理时，就可以通过这种方式，对对应的区域创建选区。这样，就能将这部分区域独立出来，无论是进行复制、移动，还是进行颜色调整等其他操作，当对当前图层进行类似的各种编辑时，只作用于选区内的图像，其他已经画好的部分不会受到影响。在建立选区时，你可以根据实际情况创建连续的选区。选区效果如右图所示。

　　有时需要建立的选区可能并不具有连续性，是各自分开的，对于这种情况，我们可以建立对应的分开选区，如右图所示。

### 3.1.2 选区在处理图像时的作用

在处理图像当前图层某个区域时，如果没控制好，极有可能影响到其临近的部分。如果这部分是已经编辑好的，会改变这部分，就会造成不便。如下图所示，在没有分图层绘制的情况下，如果我们需要进一步处理角色的手部，并且其周围的腰带已经绘制完毕，在对手部进行编辑时，如果直接画，就可能会超出区域，影响到周围已经绘制好的腰带部分。在实际的绘画中，可能会对我们的绘画进度产生不同程度的影响。

为了避免因为这种情况导致工作量加大，我们可以使用对应的工具，以手部为对象，对其创建对应的选区，如下图所示。

然后单击鼠标右键，在弹出的菜单中选择"通过拷贝的图层"选项，将手部复制到新的图层。这样，在对手部做进一步处理时，就不会影响到其他的地方了，即便绘制超出区域，也能够使用橡皮擦工具或者其他工具进行快速调整。

## 3.2 选区与抠图

### 3.2.1 选区与抠图简介

在实际的操作过程中，选区与抠图是相辅相成的。无论是后期修图还是在绘制插画的过程中，选区的作用都是毋庸置疑的，通过将图像中的某一部分从画面中选取出来，并为其建立单独的图层，这个过程就是抠图。在使用 Photoshop 的过程中，熟练掌握这项技法能够在一定程度上提高绘画效率。正确使用的话，有时也会进一步提升作品的精细程度。在对图像进行编辑之前，常常会先进行"选区与抠图"的操作，掌握对应的方法是很有必要的。

### 3.2.2 选区与抠图的工具和方法

基于 Photoshop 的强大功能，用来选区与抠图的工具以及方法都是多种多样的，最基本的比如选框工具组、套索工具组、钢笔工具以及魔棒工具等。下文会专门介绍魔棒工具，在这里我们主要先来大概了解几种基本的选区工具。

**1. 选框工具组**

在选框工具组里面，主要有矩形选框工具、椭圆选框工具、单行选框工具和单列选框工具。前两种选框工具在日常绘画过程中最为常见，如果需要创建大小为 1 个像素的行或列，就可分别使用后面两种选框工具。可以说，用来创建规则选区的工具基本上就集中在这里了，在绘制比较规则的形状或者制作 UI 界面时熟练掌握该工具组，除了能够提高绘画效率，还能使图像效果更好。使用矩形选框工具的效果如下图所示。

醉美古风：Photoshop 零基础学 CG 插画

## 2. 套索工具组

### ① 套索工具

这是在日常绘画过程中经常使用的一种选区工具，其使用方法简单，并且能够随意地勾选选区，由于其本身具备的不规则性，也让套索工具的使用更加灵活、方便，因此常常用于创建比较随意的选区。在创建精确选区时，如果用套索工具的话就比较麻烦。

使用套索工具创建选区的方法很简单，和画笔工具差不多，直接按照目标图像勾选即可。以下图为例，我们要对角色的面部表情进行丰富处理，为了不影响其他部分，可以使用套索工具将人物面部五官部分选出，新建图层，再做进一步调整。

### ② 多边形套索工具

主要用于创建多边形选区的工具，与套索工具相比，能够创建边缘更加精确的选区。

多边形套索工具的使用方法也比较简单。首先选择该工具，接着选择某个点后单击，然后拖动鼠标光标，沿着物体的轮廓依次单击。如下图所示，使用多边形套索工具给绿色里层衣服创建选区，当首尾两个点重合时，就会形成一个对应的选区。

③ 磁性套索工具

磁性套索工具能够自动捕捉目标图像的边缘，如果目标图像的边缘与周围环境的颜色有较大的反差，就可以使用磁性套索工具来为其创建选区，如下图所示。

选择磁性套索工具后，在选项栏中会显示针对该工具的一些属性设置，如下图所示。

## 3. 钢笔工具

在 Photoshop 中，钢笔工具是一种很重要的绘制工具。对于刚刚接触 CG 绘画的读者来说，可能会下意识地觉得这个工具不好掌握，下面我们会对其进行简单介绍，帮助你快速掌握这个工具的使用方法。

使用钢笔工具能够创建出边缘更加精确的选区，比如，绘制曲线、绘制比较复杂的路径，以及对已经创建好的路径曲线做进一步编辑。其用法就是顺着目标对象的边缘绘制路径，绘制好之后还能够进一步调整，然后将路径转化成为对应的选区，如右图所示。

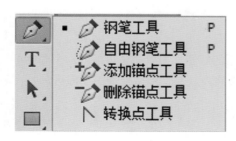

在工具箱中，像一个钢笔笔尖的按钮就是钢笔工具，将鼠标光标移动到该按钮上，单击鼠标右键，在弹出的菜单中可以看到钢笔工具组下的几种工具，在使用钢笔工具创建选区时，先用这些工具做前期路径绘制，如左图所示。

钢笔工具下方的左上箭头按钮就是路径工具，在该按钮上单击鼠标右键，在弹出的菜单中可以看到该工具组下的两个工具。路径工具通常在钢笔工具之后使用，其作用为对已经绘制好的路径做进一步优化和编辑，属于路径绘制选区过程中后期的一个工作，如右图所示。

关于钢笔工具和路径面板之间的关系，我们可以通过这样的方式简单理解：画布和路径分别是钢笔工具的前台和后台，在画布（前台）中我们可以看到路径在整个画面中的具体表现状态，路径（后台）则是其独立的工作状态，路径面板如右图所示。

在一般情况下，在需要对一些外部轮廓线条比较流畅、光滑并且比较清晰的物体创建选区时，会使用钢笔工具。

## 3.3 选区的基本操作方法

前文已经对常用的几种选区工具进行了基本介绍，下面介绍在创建选区时，使用这些选区工具的基本操作方法。

事实上，虽然各个工具的功能不同，但是有些常用的操作是通用的。比如创建的选区不对，都可以取消，其快捷键为 Ctrl+D 组合键。在绘制图像时，可能需要对之前的选区再次编辑，可以直接按 Ctrl+Shift+D 组合键，就能重新载入前一次的选区，能够节省不少时间。

下面就前文提到的几种选区工具，对其基本操作方法进行简单介绍。

### 3.3.1 选框工具组的基本操作方法

以矩形选框工具为例，下面给大家介绍如何使用这个工具创建选区。

基本的使用方法：选择矩形选框工具，在目标图像附近拖动鼠标光标，创建矩形选区，按住 Shift 键可以创建一个正方形的选区。

假设我们需要在如下图所示的画面中增加一个新的灯笼，如果完全重新画一个的话可能比较慢，而且画面中已经有完成的灯笼，我们只需将其复制，稍微处理一下即可。

　　选择矩形选框工具，将鼠标光标移动到图中的一个灯笼处，按住鼠标左键并拖动，绘制一个将灯笼框住的矩形选区，如下图所示。

技巧：在使用矩形选框工具时，按住 Alt 键，然后单击鼠标左键并在图像中拖动，以最开始鼠标光标所在位置为中心，向外创建一个矩形选区。如果想以这样的方式创建一个正方形的选区，按住 Shift+Alt 键即可。

按下 Ctrl+Alt 组合键，与此同时，单击鼠标左键并拖动选区，就能够复制选区内的图像。或者直接将鼠标光标移动到选区内部，然后单击鼠标右键，在弹出的菜单中选择"通过复制的图层"选项，就能够将选区内的图像复制到新的图层。

这里比较建议大家使用第二种方式，因为这样处理的话，之后对选区进行各种调整和修改就不会影响到之前的图像，能够起到一定的保护作用。将新图层中的图像移动到一个合适的位置，然后适当调整大小。

复制的灯笼边缘与周围的环境不搭，选择一个比较"柔软"的橡皮擦工具，对其边缘轻轻地擦过，让这个灯笼更融入整个画面即可，效果如下图所示。

　　椭圆选框工具的使用方法与其基本相同，这里不再赘述。

## 3.3.2 套索工具组

### 1. 套索工具的选项栏

　　我们需要对 Photoshop 选项栏的各项内容有一定的了解，正确设置之后能够让绘画事半功倍。对于套索工具组下的三个工具，它们的选项栏基本类似，下面简单认识这几个选项栏。

　　套索工具和多边形套索工具的选项栏完全一样，如下图所示。

磁性套索工具的选项栏是在上面选项栏的基础上新加了几项，如下图所示。

羽化：0 像素  ☑消除锯齿  宽度：10 像素  对比度：10%  频率：57  调整边缘……

① **加减选区**

在上图中绿色线框框住的是加减选区的设置。第一个选项是"新建选区"，在使用选区工具时，一般默认选择整个选区。

第二个选项表示"添加到选区"，当选中这个选项之后，我们可以在已有的选区上再叠加新的选区，效果如下图所示。

在使用选区工具时，按住 Shift 键也能添加选区。

第三个选项表示"从选区中减去"，也就是说，如果有不需要的部分被选进选区，单击这个按钮，就能将绘制的新选区从原有的选区中减去，效果如下图所示。

最后一个选项表示"选区交叉"，通过观察其图标也能够看出大概意思，也就是说，如果绘制的新选区和已有的选区之间有交叠，那么最终的选区就是它们相交的部分。如果两个选区是分离的，则需要单击这个选项，重新绘制选区。

② **羽化**

通过对"羽化"选项设置对应的数字（在 0~255 之间），就能对选区边缘做一定程度的柔化处理，当选区内容的背景有所变动时，通过这个操作能够让其看起来更加和谐。

③ **消除锯齿**

一般都会勾选这个选项，能够在一定程度上让选区的轮廓看起来更加平滑。

④ 对比度

在对其数值进行设置时，需要控制在 1~100 之间，其作用为：当使用磁性套索工具创建选区时，因为这个过程存在对物体边缘的检测与获取，可以通过设置不同的数值，赋予其对应的"灵敏度"。

在通常情况下，如果背景色与目标图像之间的颜色不容易区分，就可以将对比度的数值设置得小一点；反之，就需要将其数值设置得大一点。

⑤ 频率

在使用磁性套索工具创建选区时，对关键点的选取过程存在一定的速率，而频率就是用来控制整个速率的一个选项。频率数值设置得越大，对应的速率就越快，沿着物体轮廓创建的关键点也就越多。

图像的轮廓如果比较复杂，为了让创建的选区边缘更加精确，就需要更多的关键点，因此一般都会将频率值适当调大。对于创建的关键点，我们可以使用空格键来对其进行控制，另外也可以使用 Delete 键。

## 2. 套索工具的基本操作

### ① 套索工具

当创建任意不规则选区时一般选择套索工具，使用该工具创建选区的方法很简单，就和使用画笔工具差不多，直接按照目标图像区域选择即可，效果如右图所示。

② 多边形套索工具

主要用于创建多边形选区的工具，与套索工具相比，它能够创建边缘更加精确的选区。其使用方法也比较简单，选择该工具，然后选择某个点之后单击鼠标左键并拖动鼠标光标，沿着物体的轮廓依次单击，效果如下图所示。

当首尾两个点重合时，就会形成一个对应的选区。

③ 磁性套索工具

选择磁性套索工具，根据物体轮廓选择一个起始点，然后沿着物体的边缘拖动鼠标光标，当首尾连接时，按下 Enter 键就能够得到对应的选区，效果如下图所示。

### 3.3.3 钢笔工具组

以下图为例，假设我们需要为红色选框内的配饰创建选区，这里用钢笔工具进行演示。

首先，选择工具栏中的"钢笔工具"，然后依次根据花朵的边缘轮廓单击并对曲线进行调整。

当首尾两点重合时，将会得到一个封闭的路径，效果如下图所示。

然后选择路径工具组中的第二个选项——"直接选择工具"，对初步建好的路径做进一步调整，提高选区的精确度。在具体的操作过程中，可以将图像放大，方便做精细调整。

如果创建的锚点不够，可以选择钢笔工具，在图像上对应的位置增加锚点，这样可以尽量避免在选区中出现遗漏。

在菜单栏中执行"串口"→"路径"→"转换成选区"命令，或者按 Ctrl+Enter 组合键，就能够得到对应的选区，效果如右图所示。

最后用套索工具将中间夹杂的一些不需要的小区域删除，得到完整的选区。

# 3.4 魔棒与快速选择工具

## 3.4.1 魔棒工具

在所有的选区工具中，最简单、方便的当属魔棒工具。对于色块区分相对明显的图像，或者相似颜色所占比例较大的图像，使用魔棒工具能够轻松、快捷地创建对应的选区。选择魔棒工具之后，通过单击图像的某个点，魔棒工具就能够知道对应的颜色，然后以单击位置的颜色为标准，获取其周围区域与之相近的颜色，并初步建立对应的选区。

其实就魔棒工具选项栏的各项内容来说，与 Photoshop 中的其他工具的选项栏基本类似，同时也有其特有的一些功能。除了一些基本的内容，魔棒工具选项栏常常用到的属性有容差、连续以及对所有图层取样，如下图所示。

| ⚝ ▾ | ■ ▫ ▫ ⊡ | 取样大小: | 取样点 ▾ | 容差: 50 | ☑消除锯齿 | ☑连续 | ☐对所有图层取样 |

下面对几个主要属性进行详细介绍。

**1. 容差**

容差的数值范围一般控制在 0~255，通过设置不同大小的数值来确定选择图像的颜色接近度，也就是选择领域。数值设置得越大，单击颜色之后选择的区域也就越大。

下面两张图是在容差数值分别设置为 25 和 55 的情况下，使用魔棒工具得到的选区。

## 2. 连续

在一个图像中，如果相似的颜色分布在不同的位置，当使用魔棒工具创建选区时，不会同时选择分布在各个区域的颜色，只能选择其中某个区域的这种颜色。如下左图所示，衣服两边的毛领是分开的，并且衣服上还有其他的红色区域，这些红色区域没有明确交集，当勾选"连续"选项时，单击其中一个区域，就不会选择到其他的红色区域。

在勾选"连续"选项之后，我们再使用魔棒工具创建选区时，比如，单击图像中的红色，选择到的是整个图像中相同的颜色，如下右图所示。

### 3. 对所有图层取样

顾名思义,当前的操作不仅仅作用于当前图层,还作用于整个文件的所有图层。如下图所示,角色腰间的金属装饰有单独的图层。

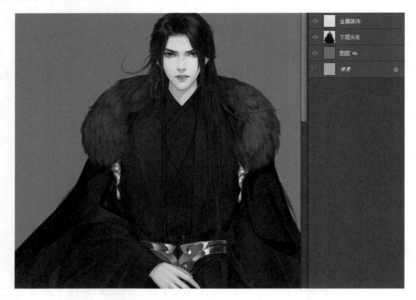

选择魔棒工具,当勾选了"对所有图层取样"选项后,单击图像中的黑色,在所有图层中,与选中颜色相同的部分都会被选中,效果如下图所示。

如果没有勾选的话,就只会选中当前图层中相同的颜色区域,比如,当前图层为金属装饰图层,单击金属色,选择的区域如下图所示。

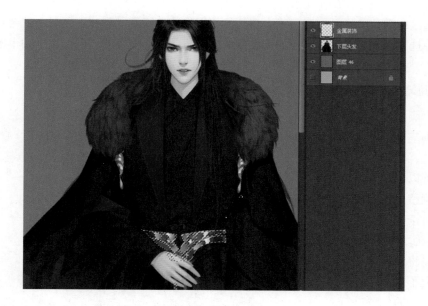

在通常情况下，我们一般在单个图层中进行操作。

## 3.4.2 快速选择工具

### 1. 快速选择工具

快速选择工具与魔棒工具的作用基本一致，对于色调区分明显的图像，能够较快地创建对应的选区。在通常情况下，快速选择工具是在色彩差别的基础上使用的，和画笔工具的笔刷类似。创建选区时可以通过绘制的方式对对象边缘进行智能选择，进而得到对应的选区。

与魔棒工具最大的区别为：快速选择工具在进行选区时更加灵活，可以随意拖动，和画笔的使用方法类似，并且能够对"笔刷"大小进行适当调整，与其说"创建"选区，可能说"绘制"选区更加形象。根据具体情况，在图像中单击需要选择的区域，并移动画笔或者拖动鼠标光标进行选区调整，操作简单方便，创建的选区更加精确。

### 2. 快速选择工具选项栏

快速选择工具选项栏常常用到的属性有选区方式、画笔、自动增强以及对所有图层取样，如下图所示。

下面对几个主要属性进行详细介绍。

#### ① 选区方式

从左到右三个按钮分别表示新建选区、增加选区和删减选区。新建选区是在没有选区时默认的一种选区方式，当开始使用快速选区工具创建选区时，就会自动切换到第二种选区方式，增加选区；如果选取的区域有些是不需要的，就可以手动单击第三种选区方式，把多余的选区删减掉，也可以按 Alt 键完成删减选区这个操作。

### ② 画笔

这个画笔和通常情况下的画笔工具其实是差不多的，大小、不透明度都可以根据具体情况进行调整。在一般情况下，对于范围比较大的部分，为了提高效率，我们可以将画笔的大小适当往大了调，在选区偏"里面"的位置进行初步选择。比如，我们要对如右图所示的部分建立选区，因为主体部分还是比较大的，所以将画笔大小设置得大一点，将其大概的区域选出。

选择了大概区域之后，或者本身需要建立的选区也比较小，我们可以将画笔大小适当调小，然后对剩余的边缘进行调整。选择了大概区域之后，还有较小的区域没有载入选区，我们可以将画笔大小设置得小一点，进一步调整选区。超出的部分可以按住 Alt 键，使用小尺寸的画笔涂抹，就能够将该部分从选区中减去，进而得到一个完整选区。

简而言之，想要快速选择选区，可以用大尺寸的画笔，但是选择的区域可能会比较粗糙，常常会选到很多不需要的部分。要得到比较精确的选区，就要将画笔大小调小，慢慢选择。

### ③ 自动增强

有时为了让选区边界尽量精细一点，就会勾选"自动增强"选项，主要起到一些辅助作用，具体效果你可以自行操作一下。

另外，快速选择工具的属性栏里也有"对所有图层取样"选项，其作用与其他工具中的一样，前文已经提到过，这里就不赘述了。

# 3.5 "色彩范围"命令

　　"色彩范围"命令的作用与魔棒工具有点相似，它能够将画面中与"取样颜色"一样的像素点都选择。但是二者的区别为："色彩范围"命令能够对选取范围进行一定的调整与控制，并且这个控制过程是能及时看到的，所以在创建选区的过程中，这个命令也比较常用。

　　下面我们使用"色彩范围"命令创建选区，这里只做一个简单的示范，介绍基本的方法。使用"色彩范围"命令，将下图中的小橘猫和摸猫的那只手单独抠取出来。

　　为了方便之后的操作，首先将图像图层转换为"背景"图层。具体操作为：在按住 Alt 键的同时双击图层，图层后面的小锁图标消失，得到"图层 0"，如下图所示。

　　按下 Ctrl+J 组合键，复制"图层 0"，得到对应的副本图层，并对新的图层按下 Ctrl+I 组合键，得到反相之后的图像，如下图所示。

因为我们需要得到的画面是小橘猫，所以之后都集中观察个这部分。不难发现，这个部分整体呈现出蓝色，与周围环境区分开。现在就是要得到这个蓝色覆盖的区域，如下左图所示。

按住 Alt 键，使用吸管工具吸取猫身上的蓝色。然后切换到画笔工具，并选择画笔的模式为"颜色"，然后对其上色，这里主要处理与手相接的部分。接着在菜单栏中执行"选择"→"色彩范围"命令，如下右图所示。

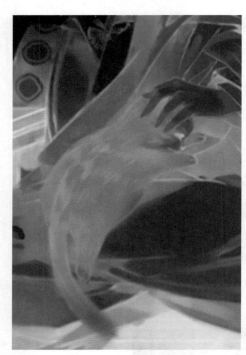

调整"颜色容差"参数，观察缩略图像，当所需区域与其他区域的区别足够明显时即可，然后单击"确定"按钮。经过以上操作之后，我们将会得到如下图所示的图像。

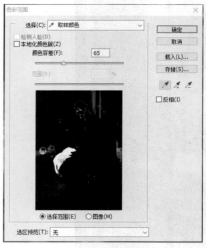
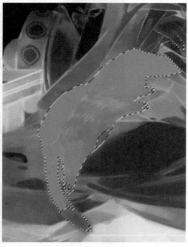

将"图层0副本"隐藏，回到"图层0"，单击红框内的按钮，对其添加蒙版，如右图所示。

新建一个图层，单击此图层并将其拖动至"图层0"的下面，然后填充一个颜色。你可以根据具体情况，针对需要抠取的图像选择一个能够起到衬托作用的颜色即可，这里笔者选择了纯黑色，效果如下左图所示。

单击新建的图层蒙版，切换到画笔工具，选择白色，按照猫的形状涂抹，让需要的区域露出来，如果前景色选择为黑色，就会让画笔画过的区域被遮挡，利用蒙版的这个特点，不断地调整画笔的大小，慢慢地涂出目标图像的样子。

因为这里我们只需要得到小猫，所以其余部分都用涂黑的方式蒙住，这一系列的操作全都在图层蒙版上进行，最后得到的效果如下右图所示。

## 3.6 快速蒙版工具

### 3.6.1 快速蒙版工具简介

快速蒙版工具在工具栏的倒数第二个位置，默认的快捷键为"Q"。其主要工作原理很好理解，就是当使用快速蒙版工具进行编辑时，相当于创建了一个临时的工作环境，结合画笔、橡皮擦等工具，用于对应选区的创建，图像本身并不会受到任何影响，只是为创建选区这个过程提供一个辅助作用。

总的来说，在处理图像的过程中，快速蒙版工具的应用还比较多，熟练掌握的话，能够为我们的绘画带来很多便利。在营造一些特殊效果时，比如，背景模糊或者滤镜纹理等，常常都会先用快速蒙版工具将需要处理的区域涂抹出来，然后再使用对应的滤镜工具做进一步处理。

### 3.6.2 快速蒙版的基本操作方法

当处于快速蒙版模式时，我们对选区进行编辑，可以将选区默认为蒙版，观察整个画面时也是一样的。这就表示，在 Photoshop 中的大部分工具或者滤镜，都可以用于选区的修改和调整。虽然在"通道"面板中会有一个临时的快速蒙版通道，但是所有的操作都是在图像窗口中实现的，这样能够直观地观察画面。下面简单介绍快速蒙版工具的基本操作方法。

通过单击"快速蒙版"按钮，也就是拾色器下方的那个按钮，或者直接使用其快捷键Q，对当前图层添加快速蒙版，这时我们会发现，颜色面板就会由如下左图所示的状态变成如下右图所示的状态。

并且前景色与背景色也会切换到黑白状态，当我们打开"通道"面板时会发现，除了默认的几个通道，还新增了一个快速通道，如下图所示。

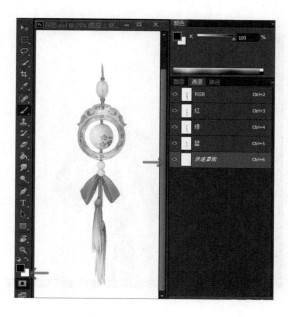

我们可以在这个状态下，用画笔在对应的位置涂抹，涂抹过的地方以红色色块显示，也就是我们需要的选区。比如，我们想要将如下图所示的这个吊坠的紫色穗子换一种颜色，先要对其建立对应的选区，这里就用快速蒙版工具来创建选区。

　　涂抹时可能会画到珠子的区域，直接使用橡皮擦工具或者其他工具擦除即可，如下图所示。需要注意的是，无论是用画笔还是橡皮擦工具涂抹选区，都要根据具体情况调整笔刷的大小和不透明度。

　　当涂完需要的选区之后，再次单击"快速蒙版"按钮或者直接按下快捷键 Q，就会得到一个新选区，并且是我们涂抹区域反向之后的选区，如下图所示。

## 3.7 细化选区

对于一些边缘相对复杂、细微的图像，在为其建立选区时，可以先使用魔棒、快速选择或色彩范围等工具创建一个大概的选区，再使用其他命令对选区进行细化，从而得到一个边缘更加精确的选区。以右图为例，下面介绍在对选区进行细化时的一些基本操作方法。

首先，使用快速选择工具将人物部分做大概的选择，如左图所示。

然后为其创建快速蒙版，对选区进行更加细致的调整，如右图所示。

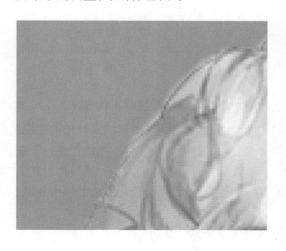

当进入快速蒙版状态之后，当画笔颜色为黑色时，在画面中涂抹可以增加选区；当画笔颜色为白色时，在画面中涂抹可以删减选区。通过这样的操作，可以对图像边缘进行细化处理，如左图所示。

我们可以反复切换到快速蒙版工具做这样的操作，进而得到一个更加精确的选区。

# 3.8 选区的编辑操作

前文已经对各种选区工具及其基本的操作方法进行了简单介绍，有时为了使创建的选区更加理想，我们需要对选区的编辑有一定了解。在菜单栏中单击"选择"菜单，对应扩展栏里的几个命令就是为编辑选区服务的，如下图所示。

其中，"色彩范围"命令前文已经讲过，就不赘述了。下面我们根据各项命令的实用性分别进行介绍。

## 3.8.1 载入和存储选区

### 1. 载入选区

首先要看具体的操作过程，根据实际情况才能对"载入选区"进行正确解释。

第一种情况是在各个图层中得到对应图层中图像的选区。按住 Ctrl 键的同时单击图层，或者在菜单栏中执行"选择"→"载入选区"命令，就能够为对应图层的图像创建一个选区。这个操作其实经常会用到，在绘画过程中，常常会先画出物体的剪影，然后再对其明暗、质感以及层次进行刻画，这时可以载入选区，之后的操作就不会超出之前的那个剪影，可以节省很多时间。

第二种情况就是将先前存储的选区载入。选择选区工具，然后右击图像，在弹出的菜单中选择"载入选区"选项，就可以选择之前存储的选区并载入。

## 2. 存储选区

　　有时可能图像文件的图层不多，为了方便刻画各个部分的细节，可以给对应的部分创建选区并存储，之后再对该部分进行编辑时，可以直接载入，不用再次创建选区了。

　　比如，我们先为角色的披风创建选区并存储，使用对应的选区工具，将披风的部分选出，单击鼠标右键，在弹出的菜单中选择"存储选区"选项，如下图所示。

　　然后在"存储选区"界面为其命名，如下图所示。

　　如果选区的整体轮廓没问题，我们就需要对其内部细节进行进一步调整，或者在其外边缘的地方添加光源效果时，就可以重新载入"披风"选区，继续编辑。在菜单栏中执行"选择"→"载入选区"命令。单击"载入选区"界面的"通道"选项，选择"披风"，然后单击"确定"按钮，如下图所示。

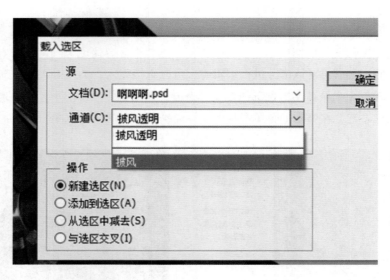

返回图像，我们就会发现，披风部分已经被载入选区。

## 3.8.2 边界选区

首先，新建一个画布，使用矩形选框工具创建一个矩形选区，如下图所示。

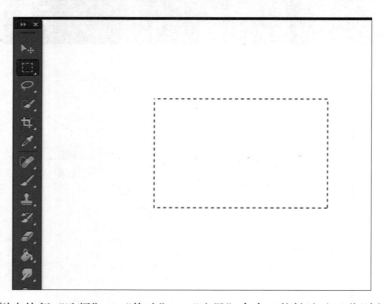

在菜单栏中执行"选择"→"修改"→"边界"命令，能够让选区分别向内测和向外侧进行扩展，得到另一个选区，最终形成的新选区就是两个边界之间的区域。当进入"边界选区"界面时，我们将宽度的数值设置为 80 像素，如下图所示。

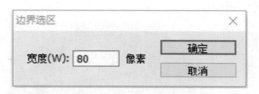

也就是说，最开始创建的那个选区会向内侧扩展 40 像素，同时还会向外侧扩展 40 像素。如下图所示的红线为原选区的位置，我们可以直观地观察到调整边界选区之后的情况。

### 3.8.3 平滑选区

当使用前文提到的各种选区工具创建选区时，得到的选区的边缘在通常情况下都是比较粗糙的，对后续的一些编辑过程可能带来不便。因此，我们需要对选区的边缘做进一步的平滑处理。在菜单栏中执行"选择"→"修改"→"平滑"命令，对相关数值进行设置。下面做个简单示范，假设我们需要对人物头部的发钗做进一步编辑。

首先，为其创建选区。我们可以随意地使用之前提到的各种选区工具来编辑，得到发钗的选区，如下图所示。

不难发现，初步得到的这个选区的边缘是比较粗糙的，在选取过程中，笔者还使用了套索工具做了一些调整，但是边缘部分依然不够理想。可见，有时对选区边缘做平滑处理还是有一定必要的。接下来，在菜单栏中执行"选择"→"修改"→"平滑"命令，弹出"平滑选区"界面，如下图所示。

选区的平滑范围可以通过设置不同的取样半径来实现。笔者设置了2像素的取样半径之后，得到了一个相对平滑的选区，效果如下图所示。

这样可能看不出明显的区别，观察下图能够看出细微的区别。

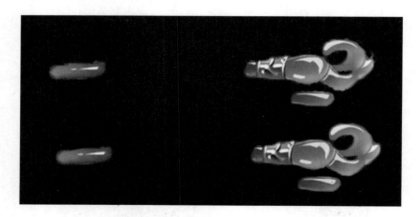

## 3.8.4　羽化

羽化能够给选区边缘一种渐隐过渡的效果，让选区内的图像与周围的图像以一种比较自然的状态衔接起来，不至于过于生硬。当选择选区工具之后，其属性栏处就有对应的"羽化"选项，如下图所示。

使用椭圆选框工具分别画两个圆并填充颜色，将其羽化值分别设置为0像素和5像素，如下图所示。不难发现，右边经过羽化之后的圆的边缘更加柔和。

需要注意的是，如果羽化值设置得太大，会让选区看起来很模糊，虽然其选区还在，但是由于过度羽化，导致失去羽化的作用。因此，在使用羽化时需要适当设置数值。

## 3.8.5 选区的变换

在菜单栏中执行"选择"→"变换选区"命令，可以在选区上显示定界框，拖动控制点即可单独对选区进行旋转、缩放等变换操作，选区内的图像不会受到影响。在第2章，我们对这部分的内容进行了详细介绍，这里就不赘述了。

# 第4章 图层的综合应用

对于 CG 绘画和传统绘画，撇开绘画工具和方法不说，二者在画图概念上最大的区别就是图层。一张图像通常是由很多不同的元素构成的，对于绘画创作者来说，在绘画过程中，如果能够在编辑某个元素时，避免受到其他元素的影响，那么在绘画过程中就能够避免很多问题，对提高绘画效率也有很大帮助。Photoshop 中的图层就是基于这个需求而存在的。除了对各个元素进行单独的调整和编辑，图层还具备其他多种强大的属性，包括图层样式、图层蒙版等，甚至还可以调整图层的顺序，将这些内容进行不同组合，能够得到不一样的效果。本章就图层的各项内容展开详细介绍。

## 4.1 图层功能及面板

### 4.1.1 图层的基本概念

我们可以简单地将一个图层看作一张纸，只不过是一张透明的纸，纸上没有绘制内容的区域能够透出纸下的内容。也就是说，图像就像由多张透明的纸（图层）按照对应的顺序叠加合成出的结果。

图层最明显的一个特点就是具备独立性，可以按照一定的顺序，为不同的图像元素建立对应的图层。这样一来，在对某个图层上的内容进行调整时，其他图层的图像也不会受到影响。如右图所示，在绘制时，角色表情以及衣服上的装饰等都有单独的图层。

当我们需要对角色的表情或者衣服的颜色进行调整时，就比较方便，并且不会影响到其他部分。在实际的绘画中，其作用是非常明显的。

首先要对需要编辑的部分创建选区，并为其创建新的图层，然后才能够顺利进行后续的操作。当然也可以直接在原图层上调整，但是如果不够熟练，反而会更加麻烦。因此，对于新手来说，合理利用图层，对提高绘画效率是非常有效的。

另外，如果觉得新增部分的颜色和周围的颜色不一致，在有对应图层的基础上，可以使用各种调整工具帮助你达到想要的效果，如下图所示。

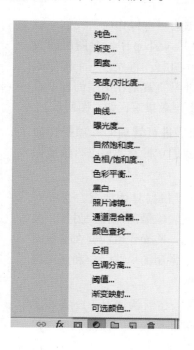

## 4.1.2 图层功能

当我们在 Photoshop 中创建新图像时，会有一个默认的"背景"图层，如下图所示。

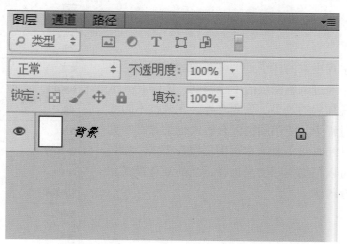

在通常情况下，为了方便修改调整，都会在图像中新建图层，然后进行绘制。图层组以及图层效果也都是根据具体的需要自行添加的。至于添加的数量，一般决定于我们的计算机配置，如果计算机的内存比较小，图像的图层太多，则可能给操作过程带来一些不便。

### 4.1.3 图层面板

在对图层进行相关管理或者一些操作时，我们一般是通过图层面板完成的。在 Photoshop 中，对图层的大部分操作都能够在图层面板中进行。首先，一个图像的所有图层的相关信息都能够非常直观地在图层面板中看到，包括图层、图层组以及图层效果等，如右图所示。

图层面板中包含了对图层进行管理的各项操作命令，熟悉图层面板能够帮助我们掌握对图层进行快速操作和管理的方法。

在图层面板中，我们可以根据具体情况，选择对应的工具，对图层进行显示或者隐藏的操作。另外，关于新图层的创建或者图层组的一些操作也能够在这里完成。下面我们就对图层面板中常用的一些命令和选项进行介绍。

打开 Photoshop 软件之后，在默认情况下，我们能够在整个软件界面的右侧看到图层面板，当然也可以根据自己的习惯，对其位置进行适当调整。如果界面中没有图层面板，则在菜单栏中执行"窗口"→"图层"命令即可。在使用图层面板之前，我们需要先对其常用的选项和命令有一定的认识。

### 1. 图层混合模式

图像最终呈现出来的样子是由该图像的不同图层叠加得到的效果，通过调整图层的不透明度，能够在一定程度上改变其叠加后的效果。除此之外，在调整不同图层叠加效果的过程中，使用图层混合模式也是非常常见且有效的方法。Photoshop 拥有多种图层混合模式，如右图所示，我们可以根据实际情况选择适当的混合模式，对画面效果进行调整。

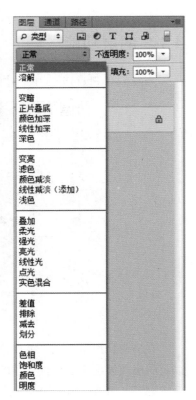

在通常情况下，如果我们为当前图层添加了混合模式，该图层下方的所有图层都会受到影响，如果只想作用于特定的某个图层，则可以将这个图层放在目标图层的上方，并为其创建向下剪切蒙版。比如，我们要给如右图所示的这个圆增加体积感。

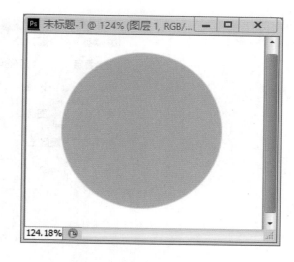

对于新手来说，常常对阴影颜色的选择比较纠结，我们可以合理地利用Photoshop，使用"正片叠底"图层混合模式较好地解决这个问题。首先新建一个图层，图层混合模式选择"正片叠底"，将鼠标光标移动到该图层上并右击，在弹出的菜单中选择"创建剪切蒙版"选项，如下图所示。

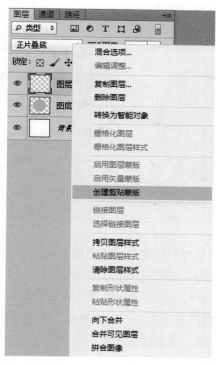

在图层面板中我们可以直观地看到两个图层之间有了联系，如下图所示。

现在，我们在"图层2"上的操作只会作用于"图层1"上的图像。直接选择圆的颜色，在"图层2"上画出阴影的部分，如下图所示。

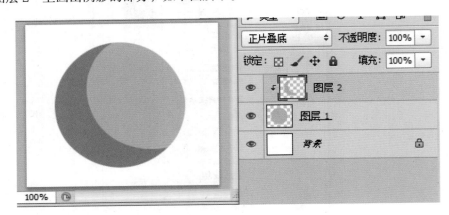

观察上图不难发现，虽然我们使用的是"图层1"中圆的颜色，最后却得到的却是对应的暗部颜色。接下来，我们需要做的就是将边缘过渡好，增加细节，就能够得到一个球体。平时在画其他物体的暗部时，都可以通过这样的方法来实现。

Photoshop中不同的图层混合模式有不同的效果，大家可以多多尝试，说不定会有意外收获。使用方法都是一样的，这里就不赘述了。

## 2. 不透明度

当前图层的不透明度改变时，该图层对其下方图层的叠加效果就会发生变化。以前文中的球体为例，我们将暗部图层（即图层2）的不透明度分别设置为100%和50%，观察如下两张图片，能够非常直观地看出两者之间的区别。

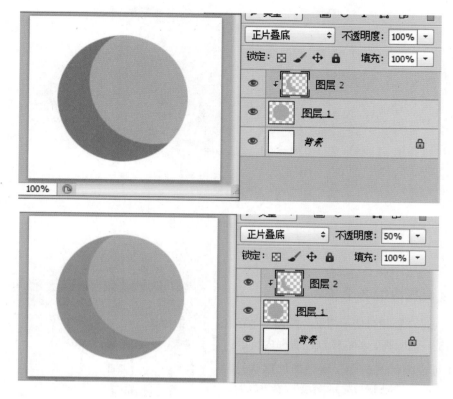

### 3. 锁定

在几个锁定选项中，最常用的是第一个，也就是锁定当前图层像素。利用这个选项，我们可以将图层看作一个选区，当锁定后，再对这个图层上的内容进行编辑时，都不会超出图像之外。

以下图为例，当我们锁定花所在图层之后，图层后面会出现一个小锁图标。

在图层锁定之后，下面我们对该图层上的内容进行编辑。这里我们用喷枪笔刷给花瓣做了一个淡淡的渐变效果，无论笔刷设置得多大，都不会超出对应的区域，只会作用于该图层上的内容，最终效果如下图所示。

### 4. 图层面板中的各个按钮

首先是"隐藏与显示图层"按钮，该按钮的图标是一只眼睛，如右图红色线框内所示。

在每个图层的前面，新建图层默认是显示状态，单击"隐藏与显示图层"按钮之后，眼睛图标消失，对应的图层就处于隐藏状态，该图层在整个图像中就不显示了。例如，我们将前文中圆的阴影图层隐藏，最终图像显示效果如下图所示。

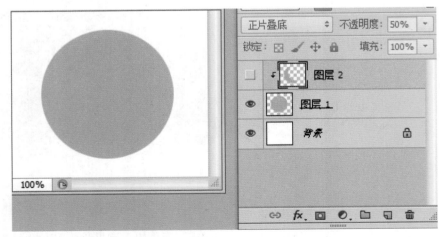

除了"隐藏与显示图层"按钮，图层面板中的其他按钮基本集中在面板的下方，如右图中蓝色线框内所示。

从左至右，分别是用于链接图层、添加图层样式、创建图层蒙版、调整图层、新建图层、新建图层组以及删除的按钮，这些都比较简单，建议你多多尝试，熟悉即可。

# 4.2　创建图层

一般来说，在使用 Photoshop 创作一个作品时，为了方便调整和修改，我们常常会根据具体情况创建多个图层。但是如果创建的图层太多，容易弄错图层，反而给编辑图层的过程带来很多不便，因此也要讲究一个适度。下面简单介绍如何在 Photoshop 中创建图层。

## 4.2.1　创建新图层

在通常情况下，新建的图像文件会有一个白色的"背景"图层，为了方便后期的操作，我们基本上都会新建一个图层，然后开始绘制图像。

创建新图层的方法并不是唯一的，下面给大家介绍几种常见的方法。

1. 单击图层面板上的"创建新图层"按钮，如下图所示。

然后我们就可以在图层面板中看到一个新的图层，如下图所示。

2. 在菜单栏中执行"图层"→"新建"→"图层"命令，如下图所示。

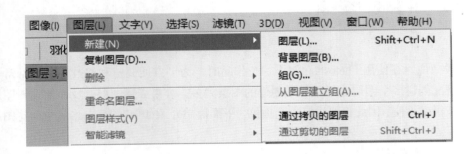

然后系统会弹出如下图所示的界面，单击"确定"按钮，就能够得到一个新的图层。

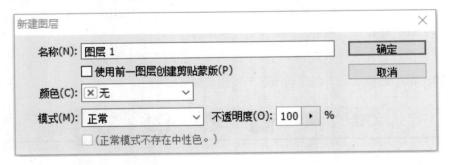

3. 使用上面两种方法创建的都是普通图层，图层上没有任何像素。事实上，有时我们创建的新图层可能是有图像内容的，其实在前文中已经有所运用。

比如，我们需要对图像中的某个局部进行编辑，为了保护其周围的图像，常常会为这个局部创建选区。然后单击鼠标右键，在弹出的菜单中选择"通过拷贝的图层"或"通过剪切的图层"选项，都可以为选区创建一个新的图层，如下图所示。

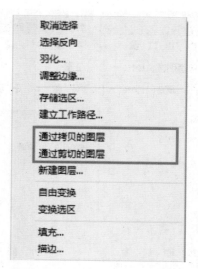

两者的区别在于：在"通过拷贝的图层"中，原图层上的选区内容依然存在；在"通过剪切的图层"中，直接将选区内容剪切到新图层中。

## 4.2.2 重命名图层

为了方便、快速、有效地找到对应的图层，并对其进行相关编辑，我们可以对对应的图层名称进行编辑，具体名称并没有什么特定的要求，只要能够让自己或者使用图层文件的人清楚各个图层的内容即可。

在使用第二种方法创建图层时，我们可以直接在弹出窗口中对应的文本框内确定新图层的名称，如下图所示。

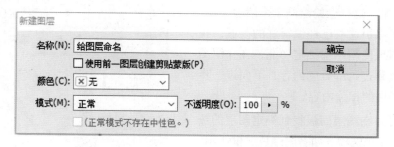

在图层面板中能够看到对应的图层名称。如果需要对图层名称进行修改，直接在图层面板选中对应图层，双击该图层名称，即可进入可编辑状态，如下图所示。

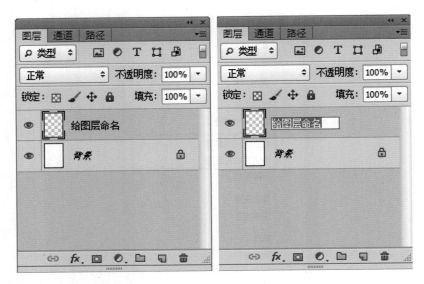

最后输入新的图层名就可以了。

# 4.3 编辑图层

## 4.3.1 锁定图层

在编辑图像时，当部分内容已经编辑好后，在处理其他区域的过程中可能会不小心对其再次编辑，这样会给绘画带来诸多不便。因此，为了保护这些已经编辑好的区域，我们可以适当地使用图层锁定功能，在介绍图层面板时提到过这部分的内容，下面进一步认识锁定图层的相关内容。

我们可以在图层面板找到锁定图层的按钮，主要有4个选项，如右图红色线框所示。

虽然这些都属于锁定图层的内容，但是各个选项之间还是有一定的区别。从左到右分别是"锁定透明像素""锁定图像像素""锁定位置"和"锁定全部"。下面分别对这几个选项进行简单介绍。

### 1. 锁定透明像素

顾名思义，就是将当前图层中透明的区域锁定，在对该图层的图像进行编辑时，只能够作用于不透明的部分。这个选项在实际绘画中运用得比较多，因为这相当于为当前图层中的图像创建了一个选区，在确定物体剪影之后，锁定图层透明像素，就不用担心已经确定的物体轮廓被破坏了。

以细化下面这个圆为例，我们已经确定了物体的外轮廓，如下图所示。

在进一步细化时，很有可能会画出区域之外，进而破坏已经做好的形状，为了避免出现这个问题，我们就可以使用"锁定透明像素"选项，如下图所示。

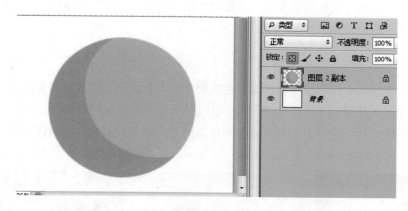

即便笔刷大小调得很大，也不会画到周围的透明像素区域，即便笔刷大小比该图层上图像的面积大，也只会作用于对应的区域，完成后的效果如下图所示。

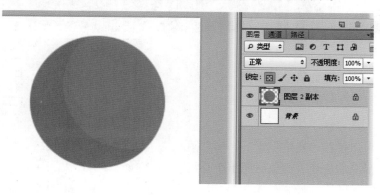

## 2. 锁定图像像素

锁定图像像素是将整个图层锁定，也就是选择这个选项之后，在该图层上不允许使用任何绘画工具进行操作。并且为了提醒用户，当我们使用绘画工具在图像区域编辑时，系统会弹出对应的对话框作为提示，如下图所示。

因为有时在绘画中会有多个图层，当绘制好部分图层的内容后（比如，线稿），我们在后面上色的绘制过程中并不能保证自己不会选错图层，因此可能把颜色画到线稿图层，这样会给后面的细化工作带来很多不必要的麻烦。这时，只需要将线稿图层的图像像素锁定，就能够有效地避免类似的问题。

## 3. 锁定位置

锁定位置是将对应图层中的图像锁定在整个画面当前所在位置，避免因为一些不小心的操作使得图像移位，这样会让整个图像最终呈现出的效果受到影响。

在实际的绘画创作中，常常会在某个阶段对整个画面或者某个区域进行统一，一般是在所有需要调整区域的图层上面来实现。如下图所示，调整画面整体的色调，使之更和谐。

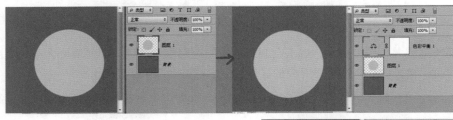

调色图层的位置如果发生变化，就不能实现对画面的整体调整，如右图所示。

这时就可以使用"锁定位置"，如右图所示中的红框内的按钮，避免后期不小心将这类图层的位置打乱。

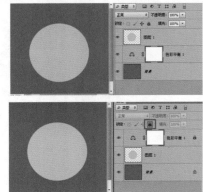

**4. 锁定全部**

就是锁定像素及其对应的位置，当锁定图层以后，对应的图层后边会有一个小锁图标，如下图所示。

## 4.3.2 调整图层

调整图层可以在图层面板中找到，其可以对图层效果做进一步优化处理，调整的内容主要包括颜色和色调的部分，有如下图所示的多个选项。

使用图层面板中的调整图层，会在当前图层的基础上增加一个新的图层，一般作用于其下的所有图层，如右图所示。

如下图所示，无论使用哪个调整图层选项，都会有对应的数值调整窗口，通过对各项数值进行调整，就能够得到对应的图层效果。

除此之外，我们还可以在菜单栏中执行"图像"→"调整"命令，选择对应的选项，对当前图层的图像效果进行调整，如下图所示。这里的选项和图层面板中调整图层的选项基本一致，使用方法也是一样的，最明显的不同是使用这种方法并不会增加新的图层，其直接作用于并且仅作用于当前所在图层。

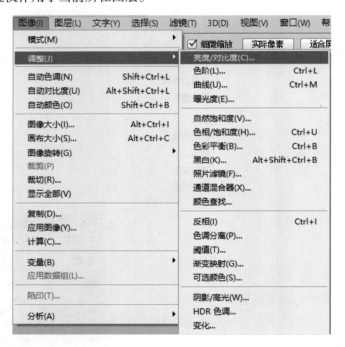

相对于直接对当前图层图像的颜色和色调进行调整，使用第一种的调整图层会更加有优势，主要体现在以下几点：

1.保护原图像。在使用调整图层时，会新增一个图层，对图像的色调和颜色进行调整。也就是说，调整的内容是存在于调整图层上的，隐藏该图层之后，图像将会显示为原来的样子，这样方便后期修改。

2.使用调整图层，能够对画面整体进行调整。因为调整图层能够作用于位于该图层下的所有图层，当快要完成一张图时，常常会对画面的整体色调和颜色进行调整，让画面看起来更加和谐，这时如果单独对每个图层进行调整，不仅工作量大，最后的效果也未必合适。

3.使用调整图层对颜色和色调进行调整，其编辑过程是可调控的。以下图为例，对其色相、饱和度进行调整。

相关数值和图层如下图所示。

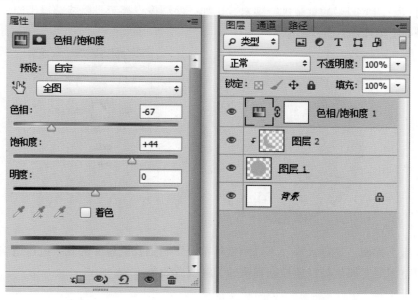

得到对应色调的图像效果如下图所示。

调整好大致的效果之后，还可以进一步调整，比如，调整其不透明度，效果如下图所示。

还可以对调整图层的蒙版进行编辑，比如，使用橡皮擦工具就能够透出原来的图像内容，效果如下图所示。

在蒙版上编辑，笔刷大小、不透明度等都可以根据我们想要的效果进行适当调整，所以使用调整图层能够比较好地控制调整的区域或者效果。

## 4.3.3 图层的选择

通过前文的介绍，我们知道在 Photoshop 中，一个图像是由多个元素组成的，而元素一般又分布在不同的图层上面，当需要对元素进行编辑时，首先要选择对应的图层。对于绘画、颜色调整和色调调整这些操作来说，一般只能在一个图层上面进行，而其他一些编辑，比如，移动、变换等，通常是在多个图层上进行操作的。因此，我们需要根据实际的操作内容，选定单个图层或者多个图层。

### 1. 单个图层的选定

在图层面板中找到需要的图层，单击即可选中该图层。一般我们说的当前图层其实也就是你选定的单个图层。

### 2. 多个图层的选定

选定多个图层分为两种情况：一种是选定连续的多个图层；另一种是选定多个不连续的图层。

首先是选定连续的多个图层，在图层面板上选中首个图层，并按住 Shift 键，再单击需要连续的最后一个图层，就能够选中分别以这两个图层为首尾的多个连续图层，如下左图所示。

然后就是选定多个不连续的图层，按住 Ctrl 键，单击需要选定的图层即可，如下右图所示。单击两下表示取消选择。

# 4.4 排列与分布图层

## 4.4.1 移动图层的叠放顺序

前文已经多次强调，在 CG 绘画中，一个图像是由多个图层叠加合成的结果，并且这个合成结果与各个图层放置的顺序有直接关系，所以在满足设计要求的过程中，难免会对图层的顺序进行相关调整。一般来说，在移动图层位置时，我们可以用拖动鼠标和菜单两种方式调整图层的叠放顺序，下面分别对这两种常用的方式进行简单介绍。

### 1. 拖动鼠标方式

这种方式主要在图层面板上进行，首先在图层面板找到需要进行调整的图层，选定图层，并按住鼠标左键，直接拖动图层到目标位置即可。这种方式操作简单、直接，是日常绘画中最常用的一种方式。

### 2. 菜单方式

首先，在图层面板上选定需要移动位置的图层，然后在菜单栏中执行"图层"→"排列"命令，如下图所示。

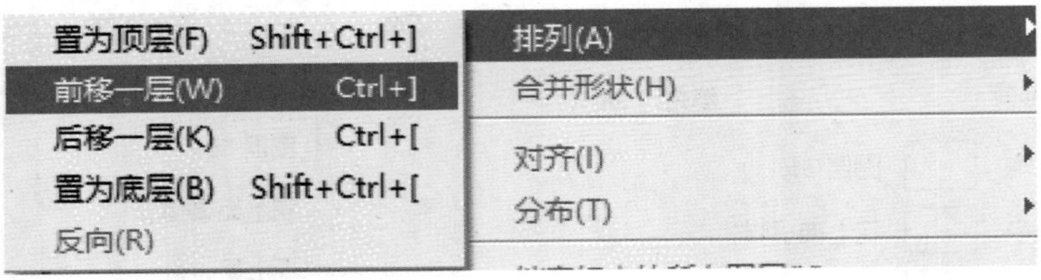

| 置为顶层(F) | Shift+Ctrl+] | 排列(A) | ▶ |
| 前移一层(W) | Ctrl+] | 合并形状(H) | ▶ |
| 后移一层(K) | Ctrl+[ | 对齐(I) | ▶ |
| 置为底层(B) | Shift+Ctrl+[ | 分布(T) | ▶ |
| 反向(R) | | | |

按照实际情况，选择对应的选项就能够将图层移动到对应的位置上。

## 4.4.2 对齐与分布图层

### 1. 对齐图层

在实际绘画中，除了会对图层位置进行移动，我们还常常需要对图层上图像元素的位置进行适当调整，以更准确地表达我们想要在画面中讲述的内容。在该过程中可以直接使用移动工具，这个工具比较随意，但如果要制作一些比较规范的图像，相对来说就不够精确。在调整元素位置时，要做到均匀分布并且准确对齐的话，一般需要借助一些辅助工具，比如，网格和参考线等，但是如果元素的数量太多，又会显得琐碎，并需要花费大量的时间和精力，显然也不够实用。在 Photoshop 的图层里有对齐和分布功能，能够帮助我们方便、轻松地完成这项工作。

使用对齐命令之后，图像元素就会根据选择的命令信息对齐。如下图所示是分布在不同图层的三条线条。

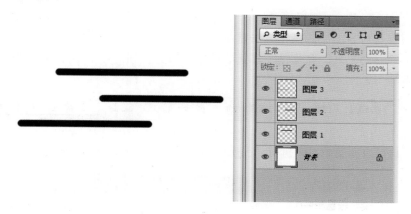

下面进行图层对齐的操作，首先选中需要对齐的图层，如下图所示。

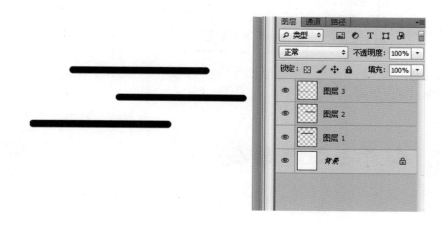

然后选择工具箱中的移动工具，可以看到其选项栏上的对齐按钮，如下图所示。

也可以在菜单栏中执行"图层"→"对齐"命令，如下图所示。

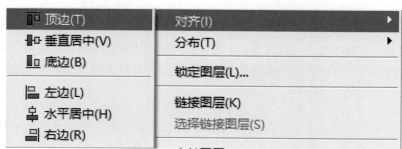

选择其中的一个选项，就能够按照对应的对齐方式对齐。

### 3. 分布图层

分布图层与对齐图层的操作方法基本一致，也是首先选择需要对齐的图层，然后使用工具箱中的移动工具。在移动工具选项栏中，对齐按钮后面的一组按钮就是用于分布图层的。

另外，也可以在菜单栏中执行"图层"→"分布"命令，如下图所示。

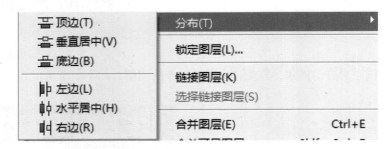

需要注意的是，如果图层上图像像素的不透明度没有达到50%，无论是对齐命令还是分布命令都不可以实现。

# 4.5 合并与盖印图层

## 4.5.1 合并图层

绘制一张完整图像一般需要建立多个图层，文件大小与图层数量有直接关系。如果确定了完成稿，为了控制文件大小，我们一般会对图层进行整理，也就是合并图层。下面简单介绍三种常用的合并图层命令。

### 1. 合并图层

选定需要合并的图层，可以选定多个图层，然后在菜单栏中执行"图层"→"合并图层"命令，能够将所有被选中的图层合并为一个图层，并且该图层的名字为选定图层中最上面那个图层的名字，如下图所示。

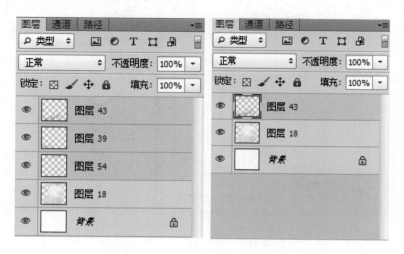

另外，如果只选择了一个图层，并且执行了"合并图层"命令，就表示"向下合并"，也就是将该图层与其下面的那个图层合并，如下图所示。

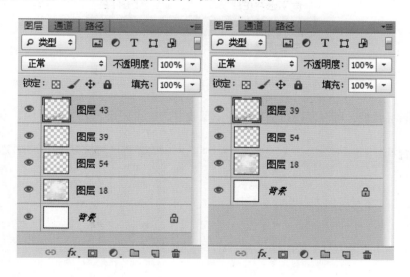

## 2. 合并可见图层

顾名思义，就是将所有处于可视状态下的图层合并。在菜单栏中执行"图层"→"合并可见图层"命令，将会合并图像中所有可视状态的图层，保留不可视图层。以"银杏"为例，如下图所示。

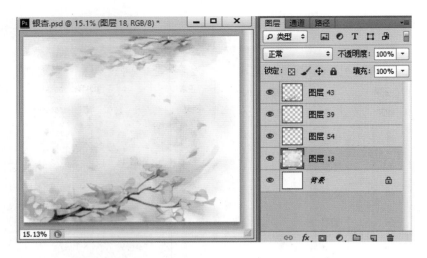

要将所有图层都显示，然后合并可见图层，可以在菜单栏中执行"图层"→"合并可见图层"命令，如下图所示。

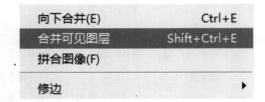

观察图层面板，可以发现目前所有的图层合并为一个图层，如下图所示。

如果我们仅显示其中的部分图层，那么隐藏的图层将会被保留，如下图所示。

### 3. 拼合图像

拼合图像与合并可见图层类似，将会合并所有可见图层，两者的区别在于拼合图像会把隐藏的图层删除。比如，在"银杏"文件中，我们隐藏"图层18"，如下图所示。

然后在菜单栏中执行"图层"→"拼合图像"命令，将会弹出一个对话框，如下图所示。

单击"确定"按钮后，所有可见图层被合并，不可见的图层则被删除，如下图所示。

## 4.5.2 盖印图层

盖印图层和合并图层基本类似，二者的区别在于，盖印图层会在图层合并的过程中新增图层，之前的所有图层依然保留。也就是说，当我们对盖印的图层进行编辑之后，如果觉得效果并不理想，还可以删除盖印图层，恢复到之前的效果，可控性更强，调整起来也方便得多。下面简单介绍几种不同情况下盖印图层的方法。

### 1. 盖印多个图层

向下盖印图层是指将向下选中的图层盖印到一个新的图层中，原来的图层不受影响。比如，我们选择"银杏"中的几个图层，如下图所示。

按下 Ctrl+Alt+E 组合键，盖印完成之后观察图层面板，不难发现新增了一个图层，如下图所示。

## 2. 盖印可见图层

不难理解，盖印可见图层就是将图像中的可见图层盖印到一个新的图层中，并保留原图层，如下图所示。其快捷键为 Ctrl+Shift+Alt+E 组合键。

# 4.6 用图层组管理图层

　　编组图层就是将多个图层编成组。因为在绘画过程中，有时会被要求图像要有明确的分层，但是图层太多又会带来一些麻烦，比如，图层混淆、找不到图层等，这时就需要我们将图层进行整理。将有关联的图层分到一个组里，这样就能使图层信息明显，后面用图的人也会比较方便。

　　这里我们所说的图层组，指的是在图层面板上新建文件夹，一个文件夹就代表一个图层组，将分类的图层分别放入对应的图层组里就可以了。这样能够让图层面板上的图层看起来更加整洁有序，以下图为例。

　　在没有对图层分组时，其图层面板上的图层如下图所示。事实上，其中有好几个图层都是面部表情的一些分层，将其直接这样放置，除了使图层面板看起来凌乱，还极有可能发生因为粗心而出现图层错乱的情况。因此，我们将与面部表情相关的图层归纳到一个图层组里面。

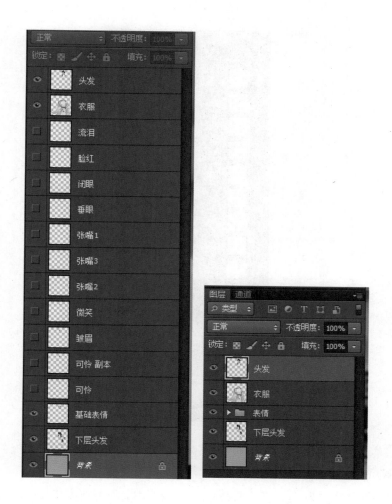

不难发现，图层分组与否的区别还是比较明显的。

## 4.6.1 图层编组

如果要对图层进行分组，首先选择需要归纳到一个图层组的图层，比如，上文说的与面部表情相关的图层，如下图所示。

然后在菜单栏中执行"图层"→"图层编组"命令，就能够在图层面板中新增一个文件夹，并且之前所选择的图层都被自动移动到该文件夹里面。

图层组的默认名字为"组 1"，我们可以自行修改，其修改方法与图层名称的修改方法一样，这里就不赘述了。

除了这个方法，我们还可以先将图层组创建，然后再将相关的图层移动到该组内。在图层面板单击"新建图层组"按钮，如右图所示。

图层面板新增一个图层组，然后将对应的图层拖动到文件夹里即可。另外，图层组也可以进行复制、删除、选定以及移动等操作，其操作方法与图层的操作方式一样。

## 4.6.2 取消图层编组

要取消图层编组，首先选择组，然后单击鼠标右键，在弹出的菜单中选择"取消图层编组"选项，或者在菜单栏中执行"图层"→"取消图层编组"命令，这样就能够在保留图层组内图层的情况下删除图层组文件夹。

## 4.7 图层样式

### 4.7.1 图层样式简介

作为 Photoshop 中的一种图层处理功能，图层样式主要用在图像效果处理的过程中。在图层需要叠加一些特殊效果时，常常会使用图层样式来处理，比如，外发光、投影等。

在添加了图层样式的图层右侧会有一个对应的图标，如右图中的"图层 2"。

单击该图标后面的那个三角形按钮，可以展开图层样式列表，该图层用到的所有效果都可以通过该列表进行查看。另外，图层效果和图层上的像素是链接的，也就是说，当我们移动或者编辑图像时，附着在其上的图层效果也会有对应的变化。比如，我们给如下图所示的文字添加了图层样式。

现在改变其位置，效果如下图所示。我们可以看到图层样式效果是跟着图像内容一起移动的。

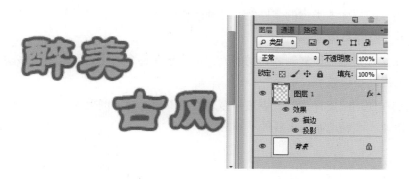

图层样式有自定义样式和预设样式。在图层上应用效果，效果就成为图层的自定义样式。存储自定义的样式，该样式就成为预设样式。预设样式会出现在"样式"面板中，在使用时只需在"样式"面板中单击所选样式即可。

## 4.7.2 图层样式的作用和特点

在制作各种不同效果时，使用图层样式会更加简单方便，并且其效果也会更加突出，比如，制作投影效果、光影效果、各种质感等，都可以使用图层样式来完成。相对于直接用画笔去画，图层样式的操作会更快，并且更好控制，因此熟悉图层样式的功能操作方法还是比较重要的，特别是制作一些比较规范的图像，比如，UI之类的图像，熟练使用图层样式非常重要。下面对其作用和特点进行简单介绍。

1. 图层样式中有多个选项可供选择，每个选项还可以进行相关数值的调整，如下图所示，可以模拟出各种不同的效果。如果直接用画笔去画，能不能做出这些效果且不说，其过程必然是比较复杂的。

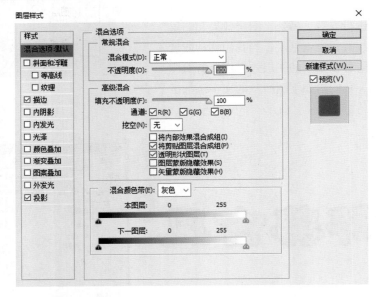

2. 图层样式不会因为图层的类型而受到限制，无论是普通图层、矢量图层或者其他特殊图层，都可以使用图层样式。

3. 图层样式的可控性很强，换而言之，就是修改方便。

4. 由于图层样式类型的多样性，各种图层样式的参数还可以随意调整，因此可以做出的图像效果是非常多的。

5. 图层样式是可以复制和移动的，并且能够在各个图层之间复制和移动，这能够在很大程度上提高绘画效率。

我们在使用图层样式时，应该多多观察在不同参数下的效果，在有经验的情况下，能够更加快速、准确地制作出各种不同的效果。

## 4.8 编辑图层样式

### 4.8.1 给图层添加预设样式

图层样式分为自定义样式和预设样式。将图层样式的效果运用在对应的图层上，这里的效果就属于图层的自定义样式，如果把这个自定义样式保存，就会得到一个预设样式。我们可以在样式面板中找到存储的预设样式，之后如果想要同样的效果就可以直接使用，不需要再次调整参数，这极大地提高了绘画效率。下面简单介绍如向给图层添加预设样式。

1.在菜单栏中执行"窗口"→"样式"命令，得到如右图所示的样式面板。

2.任意选择其中一种样式，就能够在当前图层上运用该样式效果。

除此之外，我们还可以在菜单栏中执行"图层"→"图层样式"→"混合模式"命令，打开图层样式面板。选择图层样式面板上的第一个选项"样式"，也可以找到预设样式，如下图所示。

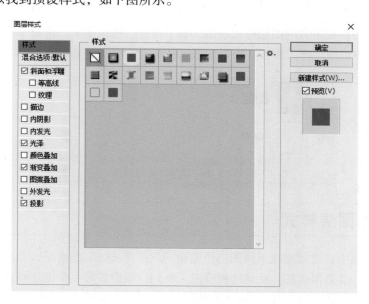

### 4.8.2 创建自定义样式

在图层上添加任意一个或者多个样式效果，都可以创建自定义样式。我们可以通过以下任意一种方式去创建自定义样式。

1.在菜单栏中执行"图层"→"图层样式"命令，选择子菜单下的任意一个选项，都会弹出对应的图层样式面板，如下图所示。

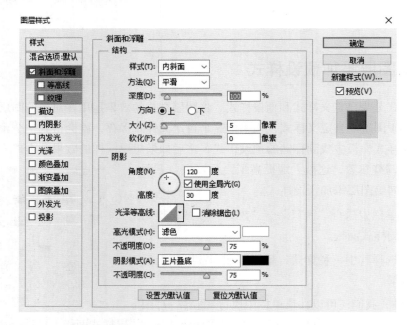

只需根据实际情况，选择面板左侧的效果样式，并对其参数进行调整，就能够得到需要的图层样式效果。

2.单击图层面板下方的图层样式按钮，如下图红色线框所示，选择子菜单栏中的任意一项，就能够弹出图层样式面板，根据需求选择对应的样式效果即可。

## 4.8.3 复制图层样式

在实际绘画中，常常出现不同图层使用相同图层样式效果的情况，如果对每个图层都各自调整参数，就会很烦琐。面对这种情况，我们一般设置好一个图层样式，然后对其进行复制、粘贴，将其运用到其他需要的图层上面。下面对其方法进行简单介绍。

### 1.使用菜单命令复制图层样式

在图层面板中找到已经使用图层样式效果的图层，这里选择给图层"左"的鱼添加内发光效果，如下图所示。

然后单击鼠标右键，在弹出的菜单中选择"拷贝图层样式"选项，如下图所示。

在图层面板中选择需要使用该图层样式效果的图层，单击鼠标右键，在弹出的菜单中选择"粘贴图层样式"选项，如下图所示。

如果该图层上没有使用图层样式，那么复制过来的图层样式就会直接作用于新图层；如果该图层上本来就有图层样式，那么新复制过去的图层样式将会替换原来的图层样式，如下图所示。

## 2. 使用拖动鼠标的方式复制图层样式

在图层面板选择运用了图层样式效果的图层，按住 Alt 键，直接使用鼠标将图层样式拖动到目标图层即可。如果使用了不止一种图层样式效果，还可以复制和粘贴单个的图层样式效果。

比如，"左"图层使用了描边和内发光效果，如下图所示。

而"右"图层只需要内发光效果，我们就在按住 Alt 键的同时，将"内发光"图层样式拖动到"右"图层即可，如下图所示。

### 4.8.4 清除图层样式

想要清除图层样式，首先在图层面板中选择包含准备清除图层样式的图层，然后可以执行以下任一操作：

1. 在图层面板中，将"效果"栏拖动到"清除"图标上。

2. 在菜单栏中执行"图层"→"图层样式"→"清除图层样式"命令。

3. 选择图层，然后单击"样式"面板底部的"清除样式"按钮。

## 4.9 使用样式面板

通过给平面的图像增加阴影，能够让画面看起来更加立体，并且更具空间感，如果阴影效果运用得当，还能够最大限度地增强画面的真实性。

在平面图像上运用阴影，可以使画面产生立体感和空间感，合理、恰当地运用阴影可增强图像的"逼真"程度。本案例通过为如下图所示的"吊坠"添加阴影，增强衣服和吊坠之间的层次关系，并且会对样式面板的使用方法进行简单介绍。

1.在菜单栏中执行"图层"→"图层样式"→"混合模式"命令，或者直接双击图层面板中该图层的空白区域，进入图层样式面板，选择"投影"效果，然后对其各项参数进行调整，如下图所示。

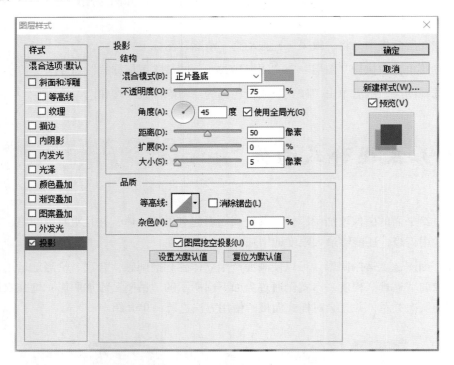

在调整各项参数之前，我们需要对其有一定的了解。

混合模式：用来控制投影和当前图层下面的图层进行颜色混合的方式。Photoshop软件一般会分配一个默认的混合模式，并且其效果还不错，当然如果我们觉得不满意，是可以自行调整的。另外，投影的颜色也可以通过单击混合模式框后面的色块进行调整。

不透明度：用于设置样式效果的不透明度。

角度：设置光源方向。

距离：设置阴影偏移的距离。

扩张：主要用于投影强度的控制，数值越小，强度越低，反之越高。

大小：这里的大小主要针对的是阴影的模糊程度，数值越大，阴影就越模糊。

2.通过对各项参数的不断调整，直到得到一个相对满意的结果，然后单击图层样式面板中的"确定"按钮即可。

最后就能够得到需要的效果，如下图所示。

# 4.10 图层复合

图层复合主要用于对当前图像的图层的各项内容进行记录，包括图层的可视性、位置以及外观等，相当于是图层面板某个状态下的"快照"。在对图像进行编辑的过程中，如果需要修改设计方案，我们就可以将当前方案存储在图层复合里，然后再进行新方案的设计。在设计过程中，各个方案都可以保存到图层复合中，我们就能够比较方便、快捷地对各个方案进行对比。

## 4.10.1 图层复合的作用

图层复合能够记录的内容包括图层的可视性、位置和外观，不能否认该功能存在一定的局限性，因为除了这几项内容，图像的其他信息并不能保存。但是其优点也很明显，首先，图层复合是随着文件的保存一起保存的，也就是说，一旦创建了图层复合，并且没有删除，那么之后打开文件时，它都是存在的，随时可以查看。图层复合的优点并不是说在绘画过程中提供什么快捷方法，而是能够对图像的布局进行存储。

我们在编辑图像时，可以适当地用历史记录的"快照"功能对图像信息进行存储，这样在修改图像时能够避免因历史记录太多而无法返回的情况。在完成图像编辑之后，就可以使用图层复合对各个方案进行记录，然后依次查看，方便我们从中找到最好的一个方案。

## 4.10.2 创建图层复合

下面对创建图层复合的过程进行简单介绍。

打开"图层复合"面板，在菜单栏中执行"窗口"→"图层复合"命令，如下左图所示。然后单击"图层复合"面板中的"创建新的图层复合"按钮，如下右图红色线框内所示。

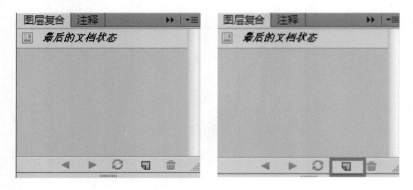

弹出对应的对话框，根据实际情况勾选选项，单击"确定"按钮，如下图所示。

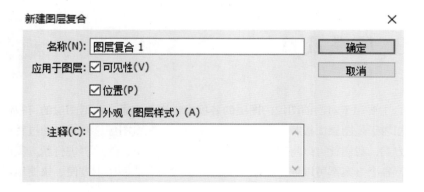

最后，我们可以看到"图层复合"面板上增加了一个"图层复合1"，如下图所示。

### 4.10.3 应用并查看

如果要应用图层复合，直接选择目标复合图层，然后单击鼠标右键，在弹出的菜单中选择"应用图层复合"选项即可。要查看对应的图层复合，直接单击其前面的选框即可，如下图所示。

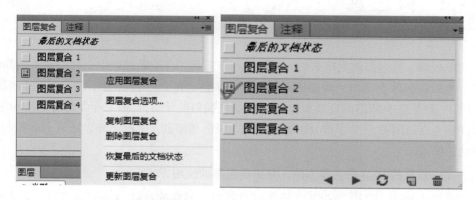

另外，单击图层复合面板底部的"上一个"和"下一个"按钮，还可以循环查看当前所有的图层复合，在查看各方案时就更加方便了。

# 第5章 常见绘画工具的应用

## 5.1 拾色器

简单理解，拾色器就是用来拾取颜色的一个工具。在绘画过程中，我们通常选择吸管工具，然后在图像上单击，就能拾取单击处的颜色。在 Photoshop 中，当我们进行颜色的选取时，一般是基于 HSB 颜色模型或者 RGB 颜色模型展开的，HSB 三个字母分别表示色相、饱和度和亮度，RGB 三个字母分别表示红色、绿色和蓝色，除此之外，还有 Lab 和 CMYK 两种颜色模式。

下面以常见的 HSB 拾色器为例，介绍拾色器的使用方法。

从本质上来说，HSB 拾色器就是通过对其三个属性的参数（颜色的色相、饱和度和亮度）进行调整来进行选取颜色的，如下图所示为 HSB 拾色器。

在上图中，红色线框区域表示的是色相，可以滑动这里的小滑块，选择需要的 H 值。

上图中左边的蓝色和黄色线条分别表示饱和度和明度，在色相值不变的情况下，蓝色线条从左到右表示饱和度的依次递增，黄色线条从上到下表示明度的依次递增。在选取颜色时可以先在滑块区域选择大概的颜色色相，然后根据具体需要在色域界面上下或者左右对明度和饱和度进行调整，通过尝试选择出所需要的颜色即可。

因为色相首尾连接之后能够形成一个色相环，因此在拾色器中，在 H=0 度和 H=360 度两个数值下，色相其实是一样的，也就是在上图的红色线框区域内，色相条两端的色相是相同的，能够连成一个环形。有时我们在看别人绘画时，就会看见他们使用一个环形的拾色器，也就是色环，如下图所示。

当选择使用 Photoshop 自带的拾色器时，系统默认以 H 值（色相）为重点参数进行颜色选择，在大多数情况下，人们会比较习惯使用这样的拾色面板。如果我们选择其他选项，拾色器面板的色域和滑块区域界面与其有所不同，比如，以饱和度为关键的取色参数，选择"S"，色域和滑块区域界面也会有所不同，如下图所示。

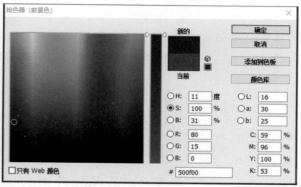

通过滑动中间的滑块，就能够对当前选择颜色的饱和度进行对应调整，在色域界面中，横向的表示色相，纵向的表示明度。

同理，在选择颜色时，如果我们想要将明度作为主要参数，选择"B"就能够得到对应的拾色器面板，同时在对明度进行调整时，只需要滑动中间的滑块即可，具体的界面和取色你可以自己在 Photoshop 中操作一下，这里就不再详细介绍了。

# 5.2 渐变工具

## 5.2.1 渐变工具简介

在绘画时，可能需要创建颜色均匀变化的区域，我们可以选择边缘柔和的画笔，比如喷枪，将画笔大小适当调大，就能够绘制出均匀的过渡。除了使用这种基本的方法，我们也可以试试使用 Photoshop 的渐变工具，对选区进行颜色填充，与普通填充工具不同的是，使用渐变工具可以实现两种颜色之间的均匀变化，如下图所示。

在使用渐变工具填充颜色时，可以实现从一种颜色到另一种颜色的变化，或实现一种颜色由浅到深、由深到浅的变化。渐变工具可以创建多种颜色间的逐渐混合，你可以从预设渐变填充中选取或创建自己的渐变。

## 5.2.2 渐变工具的属性栏

从 Photoshop 界面左侧打开渐变工具，如下图所示。

渐变工具的属性栏如下图所示。

### 1. 渐变样式

单击渐变工具的属性栏的第二项——颜色条，就可以对渐变样式进行调整，单击打开其下拉框，有多种系统自带的渐变类型，如下左图所示。使用时根据需要选择即可。

如果在系统自带的渐变样式中找不到合适的，还可以根据实际需要自行编辑，创建新的颜色渐变，直接单击渐变工具属性栏的颜色部分，如下右图红框所示。

进入渐变编辑器界面，从系统自带的"预设"里选择一个合适的颜色模型，如下图所示。

可以移动中间色条上各个小箭头的位置，也就是色标的位置，对所需颜色进行适当调整，如下图所示。

另外，渐变编辑器中还有平滑度、渐变类型以及不透明度等选项供我们选择，根据实际需要进行设置即可，然后单击界面中的"确定"按钮，就可以使用自定义的渐变样式了。

### 2. 渐变效果

Photoshop 里有 5 种不同的渐变效果，下面从左至右分别对其进行简单介绍。

#### ① 线性渐变

第一个是线性渐变，在所有的渐变效果中是最常用的，可以通过拖动鼠标，根据拖动方向，创建均匀的渐变效果，下面两张图片就是按照不同的方向对鼠标进行拖动后得到的结果。

### ② 径向渐变

通过观察这个效果的图标也不难发现，这是一个以圆的方式创建对应的渐变效果。使用方法为拖动鼠标，用拖动的长度确定渐变圆的大小，效果如右图所示。

### ③ 角度渐变

这个效果是通过拖动鼠标，以划过的线为轴，旋转一周后形成的渐变效果。如右图所示，这条锋利的线条即为拖动鼠标的划线。

### ④ 对称渐变

顾名思义，创建出来的渐变效果是对称的。拖动鼠标后，将会以该起点为对称中心，拉线长度为宽度，得到一个对称渐变的效果，如右图所示。

### ⑤ 菱形渐变

从字面意思理解，渐变是有形状的，并且是菱形。以拖动鼠标的起点为菱形的中心，菱形的大小取决于拉线的长度，菱形渐变效果如右图所示。

### 3. 其他选项

除了上面提到的内容，在渐变工具的属性栏中还有模式、不透明度等选项，如下图所示。

模式: 正常　　不透明度: 100%　　□反向　☑仿色　☑透明区域

其中，"模式"中的各个选项在实际绘画中经常使用，这里包括的模式选项和画笔工具中的模式选项是一样的，如右图所示。

选择其中某一选项后，使用渐变工具对某个地方做渐变效果，就会有对应的叠加效果，以下面的这个荷叶为例，如下图所示。

假设我们需进一步加大两片荷叶的空间感，可以加深下面荷叶的颜色，也可以让上面的荷叶更浅。在使用渐变工具时，如果直接吸取背景色，然后选择一个合适的渐变模式，再做渐变，这样就能够在尽量不改变原图的情况下，对整体效果做进一步优化调整，效果如下图所示。

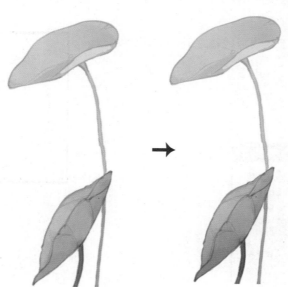

具体模式的选择与使用与画笔工具中的画笔模式基本一致。另外，不透明度和其他工具的原理和方法是一样的，这里就不多讲了。

总的来说，渐变工具在 CG 绘画中的使用还是比较多的，其使用方法也非一成不变，可以根据实际情况进行调整，但是万变不离其宗，所有用法都建立在这些基础之上，大家掌握基本方法之后，可以多做尝试，说不定就会有意外收获。

## 5.3 填充与描边

### 5.3.1 填充

在需要快速填色时，比如，在线稿的基础上，给图像上底色，就可以使用 Photoshop 的填充功能填色，这样就不需要用画笔一笔一笔地画，能够在一定程度上提高绘画效率。

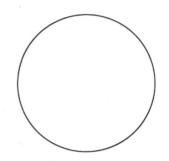

以下面这个简单的线稿为例，在此基础上使用填充功能填色，如右图所示。

对于这种情况，我们一般使用快速选择工具创建选区，勾选"对所有图层取样"选项，如下图所示。

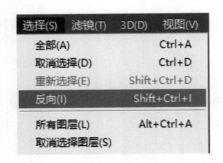

然后使用快速选择工具选择线稿之外的选区，如右图所示。

接着在菜单栏中执行"选择"→"反向"命令，如下图所示。

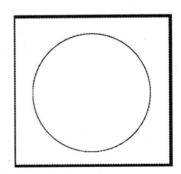

这样能够得到包括线稿在内的图形选区，如下左图所示。

得到选区以后，就可以直接进行填充操作了，这里我们可以直接按 Alt+Delete 组合键填充前景色。另外，填充背景色的快捷键为 Ctrl+Delete 组合键。除此之外，还可以使用油漆桶工具填充底色。

下面是填充底色之后的效果，如下右图所示。

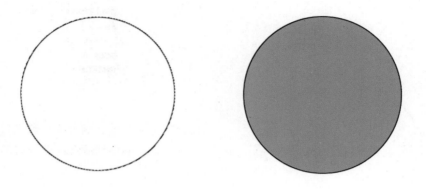

**注:**

在使用快速选择工具创建选区时，需要注意的是，线稿应该是闭合的。也就是说，我们想要填充的图像外轮廓的线稿必须是闭合的，否则，不能得到一个准确的选区。

## 5.3.2 描边

在 Photoshop 中，常用的描边方法包括选区描边和路径描边，下面就对这两种常见的方法进行介绍。

### 1. 选区描边

顾名思义，需要创建选区，在已有选区的基础上对其进行描边。首先，我们使用椭圆选框工具画出一个选区，如下图所示。

然后单击鼠标右键，在弹出的菜单中选择"描边"选项，弹出相关的描边选项窗口，如右图所示。

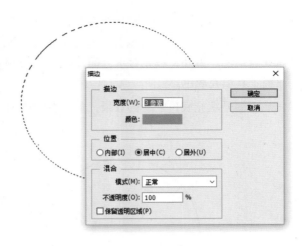

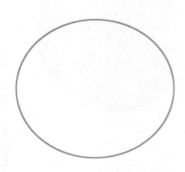

设置描边的宽度和颜色等参数之后，单击"确定"按钮，就能够得到该选区的描边结果，如左图所示。

## 2. 路径描边

使用路径描边方法进行描边，主要使用钢笔工具创建路径，下面对该方法进行简单介绍。首先选择钢笔工具，画出需要的路径，如右图所示。

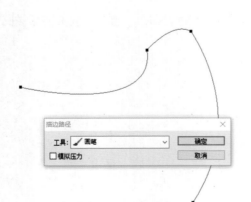

然后单击鼠标右键，在弹出的菜单中选择"描边路径"选项，打开"描边路径"窗口，如左图所示。

在"描边路径"窗口中将工具选择"画笔"，可以根据具体情况选择是否勾选这里的"模拟压力"，最后单击"确定"按钮即可，效果如右图所示。

> **注：**
>
> 在对路径进行描边时，描绘线条的工具可以认为是当前的画笔工具。因此，如果对线条的颜色或者大小有具体要求，需要在创建路径之后，对画笔的颜色和大小进行设置，然后进行路径的描边操作。

# 5.4 画笔面板

使用 Photoshop 绘画时，有各种不同的画笔供我们使用，可以帮助我们画出各种不同的形态。有时为了让画笔的效果更合适，需要对其相关参数进行适当调整，甚至可以做出全新的画笔，这些基本上都是在画笔面板中进行的。

打开画笔面板的方法：在菜单栏中执行"窗口"→"画笔"命令，如下图所示。

或者直接使用快捷键 F5，快速打开画笔面板，其界面如下左图所示。下面对面板中的各项内容进行简单介绍。为了方便描述，我们对画笔面板的界面进行一些标注，如下右图所示。

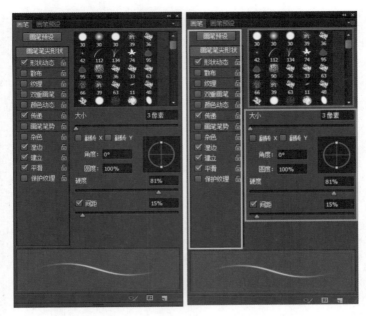

　　我们将画笔面板的所有内容简单总结为如上右图所示的 4 部分，黄色线框部分表示画笔效果，紫色线框部分表示画笔笔尖形状预览，绿色线框部分表示各个画笔效果的相关选项设置，蓝色线框部分是画笔的预览窗口。

　　我们可以根据需要，使用不同的画笔效果，并对其效果下的各项参数及选项进行设置，就能够绘制出各种不同的笔触效果。比如，"传递"效果的相关设置，这在绘画过程中应该是一个比较基础的设置，为了让 CG 绘画的体验感与手绘更接近，也就是绘画创作者用笔的"轻重"直接反映到图像上，我们需要对部分画笔的"传递"效果进行设置。

　　在 Photoshop 自带的画笔中，有一些画笔的初始设置可能并没有应用"流量"效果，比如，下图中第一个和第三个笔刷。

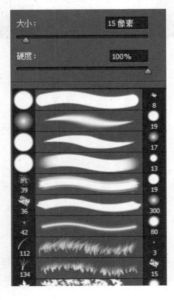

这个两个笔刷在画布上的效果如下图所示。

这类笔刷就没有任何的深浅变化，在绘画过程中，特别是在刻画细节时，很难进行深入刻画，因为笔触之间的衔接都很生硬，这时可以换比较柔软的笔刷，也可以在这个笔刷的基础上，对其进行适当调整。打开画笔面板，选择"传递"效果，然后在该效果下将"控制"选择为"钢笔压力"，如下图所示。

这样，在使用这个笔刷时，就能够根据绘画创作者的用笔轻重，画出对应的粗细、深浅变化，其区别如下图所示。

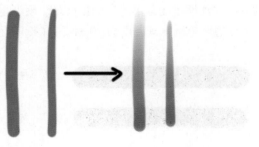

这是画笔基本并且很常用的一个设置，我们还可以对这些效果及选项进行调整，能得到一些特殊效果的笔刷，这里就不一一介绍了。大家有兴趣的话，可以自己尝试。

## 5.5 绘画工具

在 Photoshop 中，从本质上来说，绘画工具是对图像中像素的颜色进行更改，主要有画笔工具和铅笔工具。另外，渐变工具、油漆桶工具、橡皮擦工具等都属于绘画工具，因为其他工具我们会单独介绍，因此本节讲的绘画工具主要是指画笔工具和铅笔工具。

画笔工具是 Photoshop 中最常用的一个绘画工具，相比铅笔工具，画笔工具在绘画过程中使用得更多。在使用画笔工具时，可以在其对应的选项栏上对画笔的大小、形态、不透明度以及填充模式等选项进行设置，其选项栏如下图所示。

我们可以单击画笔工具选项栏中的画笔预设框对画笔进行设置，参考如下图所示的红色选框中的按钮。

然后根据实际需要，在画笔预设界面选择对应的画笔，并对画笔的大小进行调整，如下图所示。

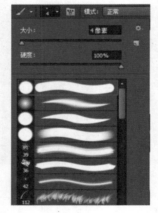

通过对硬度的调整，能够改变画笔笔触的锯齿量。硬度越低，锯齿量越少，画笔就越柔软。下面是同一个硬边圆笔刷，其硬度为 100% 和 50% 时在画布上的效果如下图所示。

硬度为 100%

硬度为 50%

铅笔工具与画笔工具基本相同，我们在创建硬边线条时使用铅笔工具，其他如设置、调整之类的功能与画笔工具没有太大的区别。

# 5.6 擦除工具

擦除工具主要用于擦除图像中多余的、不需要的颜色，擦除工具组中有橡皮擦工具、背景色橡皮擦工具以及魔术橡皮擦工具，如右图所示。

## 5.6.1 橡皮擦工具

### 1. 橡皮擦工具的属性栏

橡皮擦工具的属性栏与画笔工具的属性栏基本一致，如下图所示。

我们也可以像选择画笔工具一样选择不同形状的橡皮擦工具，对其大小、柔软程度进行调整，这些都是一样的，你可以参考前文讲的画笔工具的相关内容。

橡皮擦工具选项栏中的"模式"与画笔工具选项栏的"模式"有所不同，这里主要有"画笔""铅笔"和"块"三种模式，如右图所示。

在切换到橡皮擦工具之后，系统默认为"画笔"模式，也是最常用的一个模式。基本上，在画笔模式下的橡皮擦工具就像前文讲的一样，与画笔工具是一致的，可以对其大小、形状和柔软程度进行调整。同样的，"铅笔"模式也与铅笔工具的特点是对应的。"块"模式下的橡皮擦工具的形状为方块，其大小、形状和柔软程度是固定的，并能单独进行调整。

### 3. 橡皮擦工具的简单使用

橡皮擦工具的快捷键为 E，在普通图层上使用橡皮擦工具，就会露出在该图层下方被擦除部分覆盖的内容，比如，在"背景"图层使用橡皮擦工具，就会露出背景色。如下图所示，"图层 2"为小块的浅色图层，"图层 1"为颜色较深的图层，背景色为纯白色。

下面分别使用橡皮擦工具在三个图层上进行涂画，如下图所示。

　　按照从上到下对应右边的图层顺序，依次擦除图形。其中，在"图层2"中使用橡皮擦工具画出数字"1"，数字"1"在"图层2"中为透明色，显示为其下方"图层1"的颜色。数字"2"同理，数字"3"则是当前的背景色。

　　事实上，这些内容都很简单，你在 Photoshop 中具体操作一下就明白了。

## 5.6.2 背景橡皮擦工具

　　背景橡皮擦工具与橡皮擦工具最大的区别在于，在"背景"图层中，使用背景橡皮擦工具对图像进行擦除时，"背景"图层将被转换成普通图层，擦除的部分将会露出透明色。

　　首先新建一个图像，如下图所示。

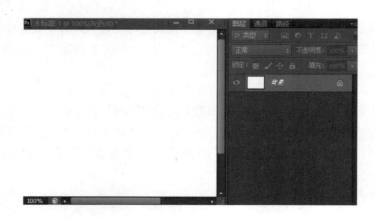

然后在擦除工具组中选择背景橡皮擦工具，如下图所示。

接着在"背景"图层上使用"背景"橡皮擦工具，就会发现"背景"图层自动转换成普通图层——"图层0"，并且被背景橡皮擦工具擦过的地方露出了透明色，如下图所示。如果该图层下方有其他图层，就会露出下方图层对应位置的图像。

背景橡皮擦工具的属性栏主要包括取样、限制、容差和保护前景色，如下图所示。

需要注意的是，在使用背景橡皮擦工具时，鼠标光标中心接触的颜色才是擦除的对象。相当于将鼠标光标移动到图像上的某一个点时，此时鼠标光标中心对应一个"背景色"，如果将鼠标光标移动到图像上的另一个点，那么就会对应另一个"背景色"。下面分别对这几项内容进行简单介绍。

### 1. 取样

这个属性一共有三个选项可供选择，分别是"连续""一次"和"背景色版"，如下图所示。

### ① 连续

当选择"连续"选项时，对图像进行擦除颜色，只要连续一笔，那么其所经过的地方都会被擦除，如右图所示。

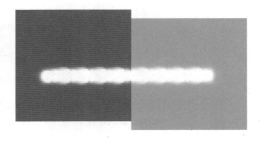

### ② 一次

"一次"选项表示在连续一笔的情况下，落笔时笔尖接触的颜色即为擦除对象，在这一笔的过程中经过的其他颜色并不会被擦除，除非起笔换另一种颜色。比如，我们在紫色区域落笔，然后一笔划到绿色区域，只有经过紫色区域的部分被擦除了，反之亦然，如右图所示。

### ③ 背景色板

在"背景色板"选项的取样条件下，擦除对象为设定的背景色。比如，现在背景色设定为绿色，如下图所示。

图像中的绿色与背景色的绿色是一样的，当使用背景橡皮擦工具进行擦除时，只有绿色的部分才能被擦除，即便将画笔放到紫色区域，也不会对其产生影响，如右图所示。

## 2. 限制

限制选项中有"不连接""邻近"和"查找边缘"三个选项。当选择"不连续"选项时，使用背景橡皮擦工具进行擦除，可以作用于整个图像中的取样颜色；当选择"邻近"选项时，可以擦除的区域需要满足相互连接并且有取样颜色两个条件；当选择"查找边缘"选项时，能够将相互连接并有取样颜色的区域擦除，而且边缘会有一定的锐化。

### 3. 其他功能

　　除了前面主要的一些选项，背景橡皮擦工具的选项栏中还包括前景色和容差两个选项。我们可以先将前景色设置好，然后在取样选项中选择"背景色板"，这样设定好的前景色就不会被擦除，对该颜色起到保护作用，这就是保护前景色。这里的容差与魔术棒工具中的容差是一样的，可以对颜色范围进行设置。

　　基于背景橡皮擦工具，有时也会用这种方法做一些类似于抠图的操作。比如，我们要将如右图所示的首饰从背景图中抠取出来，除了使用前文介绍的抠图方法，还可以使用背景橡皮擦工具。

　　首先，吸取红色带子的颜色，并将其设置为前景色，然后将图像背景的颜色设置为背景色，如下图所示。

　　然后，按照如下图所示对背景橡皮擦工具的属性进行设置。

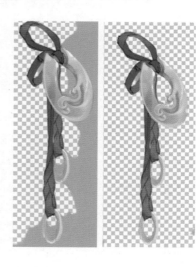

　　接下来，就可以直接在红色带子外侧进行擦除。因为前景色设置为红色，而画面中还有绿色，因此我们只需要将前景色设置为玉佩边缘的绿色，重复前面的操作即可。最后就能够得到一个与背景分离的首饰，如右图所示。

　　使用这种方法抠图时，如果想要得到一个更加准确的图形，随时吸取物体边缘的颜色就可以了。

### 5.6.3 魔术橡皮擦工具

魔术橡皮擦工具在颜色相差较大的情况下比较好用，与魔棒工具有点相似，可以通过对容差数值进行调整，用来选取不同范围的颜色，然后以色块的方式进行擦除。具体使用方法与使用魔棒工具的方法类似，直接使用魔术橡皮擦工具单击需要删减的色块即可，如下图所示。

魔术橡皮擦工具的属性栏选项包括容差、消除锯齿、连续等，在魔棒工具中也有，其作用也是一样的。因此，我们就不再重复介绍了，你可以直接到对应章节查看。

除了与魔棒工具重合的几个选项，魔术橡皮擦工具还有橡皮擦工具有的一些属性，比如不透明度，只不过是以色块的方式直接调整不透明度，这里将不透明度设置为34%，效果如下图所示。

# 第6章 颜色与色调调整

## 6.1 Photoshop 的调整命令

这里的调整命令主要是与图像颜色和色调调整有关的内容，而颜色与色调的调整主要包括色相、饱和度、明度、对比度等。

在菜单栏中执行"图像"→"调整"命令，我们可以看到 Photoshop 中关于图像颜色与色调相关的调整命令，如下图所示。

这些调整命令的主要作用是帮助我们对图像的颜色和色调进行进一步调整，因为在绘画过程中，有时对颜色的把控不一定准确，所以在绘画后期，为了让作品更有美感和更加完善，我们需要从整体上对其亮度、饱和度、色相等进行统一调整。关于调整命令具体的内容将在后面小节具体介绍。

## 6.2 转换图像的颜色模式

### 6.2.1 转换颜色模式

在不同的场合下，图像输出的颜色效果取决于颜色模式，为了适应输出场合，常常需要对图像的颜色模式进行转换。在 Photoshop 中，在菜单栏中执行"图像"→"模式"命令，在展开的子菜单中的命令就是各种不同的颜色模式，如右图所示。根据具体情况，选择其子菜单中的命令，就能对颜色模式进行对应的转换。

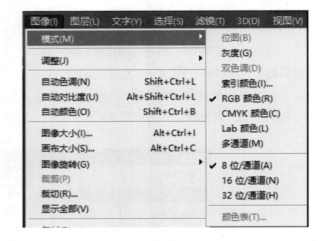

在不同颜色模式下的图像，对颜色的描述和表现原理有所不同，并且能够显示出来的颜色数量也是有一定差别的。在常用的颜色模式中，包括 CMYK、RGB、Lab，其颜色模式能显示的颜色数量是依次递减的。正因如此，颜色模式的转换有时对图像中的颜色值的改变是不可逆的，比如当前图像为 RGB 模式，当将其转换成 CMYK 模式之后，因为 RGB 颜色模式能显示的颜色数量更多，因此多余的颜色值就会被限制，进而得到一个颜色范围相对更小的 CMYK 图像。

基于以上一些原因，图像上的有些颜色在转换颜色模式之后，颜色信息将会有一定程度的损失。因此，为了方便恢复图像，我们可以在转换之前备份一个文件。

### 6.2.2 常见的几种颜色模式

前文已经简单介绍了颜色模式转换的原因和一些注意事项，不同的颜色模式应该应用到对应的输出场合，这样才能让图像正确地输出颜色，达到更好的效果，下面对其进行进一步介绍。

在 CG 绘画的相关领域，对于颜色模式的使用主要集中在 RGB 和 CMYK 两种模式上，Lab 模式和索引模式会有一定的使用，其他的模式可能很少用到，因此下面主要对这四种模式进行介绍。

#### 1.RGB 模式

在 Photoshop 的所有颜色模式中，RGB 模式是最常用的，图像的质量在该模式下是最高的，一般新建图像时默认的颜色模式就是这种。在 RGB 模式下，红、绿、蓝三种颜色的叠加，能够形成大概 1670 万种颜色，可以展现出真实世界中各种各样的颜色，这也是为什么人们将这个颜色模式称作真彩色模式。

在对图像进行编辑时，最优的颜色模式就是 RGB 模式，因为在 RGB 模式下，颜色范围更广，能够实现真彩色显示，显示器、电视机的屏幕等都是通过这种方式显示的。一般来说，处理图像的过程一般使用 RGB 模式，然后根据实际需要进行转换，如果直接使用电子图片显示图像，通常使用 RGB 模式。

### 2.CMYK 模式

CMYK 模式常常用于印刷品，这四个字母代表的颜色也是印刷油墨的四种颜色，分别是青色、洋红色、黄色和黑色。因此如果绘制的图像最终用于出版物，最后需要将颜色模式转换为 CMYK 模式。

### 3.Lab 模式

RGB 模式对光线有一定的依赖性，CMYK 模式在一定程度上受到油墨的影响，其都有各自受限的地方。Lab 模式是所有颜色模式中颜色范围最广的一个，其包括 RGB 和 CMYK 色域中的所有颜色，因此，在对颜色模式进行转换时，将 Lab 模式作为中间过渡，就能避免这个过程中颜色的损失。

### 4. 索引模式

转换为索引模式的图像中的很多颜色将被删减，只能保留网页支持显示的颜色数量，也就是 256 种颜色，很多的多媒体动画应用程序也是如此。另外，只有灰度模式和 RGB 模式下的图像才能够转换为索引模式。其中，将灰度模式下的图像转换后其变化并不明显，但是 RGB 模式下的图像则会有明显的区别，无论是颜色还是图像大小，都会有一定的删减。

## 6.3 快速调整图像

在对图像的整体颜色与色调进行调整时，经常会用到色彩平衡调整、色相/饱和度调整、亮度/对比度调整等对其进行快速处理，调整的效果也很明显。

### 1. 色彩平衡调整

常常使用"色彩平衡"命令来调整图像整体色彩的平衡，通过调整以后，仅对颜色通道的复合产生作用，让不同颜色之间的混合看起来更加和谐，图像的色调在整体上有统一的偏向性。色彩平衡调整常常用于有明显偏色的图像，其面板如下图所示。

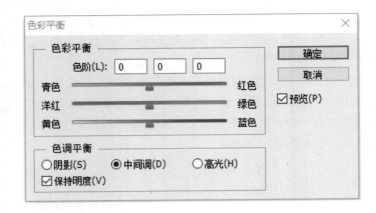

在调整图像色调时，可以通过滑动颜色条上的滑块对 RGB 和 CMYK 颜色进行调整。另外，"阴影""中间调"和"高光"分别对应色阶调整中的各个区间。如果选择高光，那么整个调整主要作用于画面中的亮部区域，阴影部分受到的影响较小。以下面的颜色为例，如下图所示。

在"色调平衡"面板中，选择"高光"，然后调整滑块位置，如下图所示。

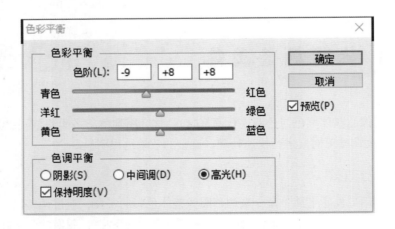

得到调整之后的颜色变化，如下图所示。

不难发现，颜色越浅，在"高光"选项下，受到的影响越大；颜色越深，受到的影响越小。需要注意的是，在实际运用过程中，我们一般用"色彩平衡"对画面整体进行整合，因此数值的调整通常不大，如果调整范围较大，这个变化规律就不大适用了。

## 2. 色相／饱和度调整

在菜单栏中执行"图像"→"调整"→"色相/饱和度"命令，打开该面板，如下图所示。

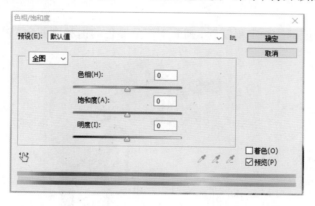

从上图不难发现，该调整主要作用于图像的色相、饱和度以及亮度，通过对图像这几方面的调整，进而实现对图像的色彩进行整体调整，调整前后效果对比如下图所示。

其中，对于"饱和度"这个参数，我们需要适当使用，数值不能太大，否则会"过曝"，如下图所示的这个错误演示。

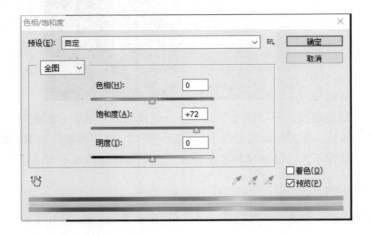

"饱和度"数值到达一定程度后，画面中部分颜色的饱和度就会"过曝"，如下图所示。

我们甚至都没有将饱和度的值加到最大，但是图像的饱和度已经明显"过曝"，因此，在调整时一定要随时观察原图的实时效果，做适当调整，不要将图像的美感破坏了。

除此之外，色相/饱和度调整面板还有"着色"选项，常常用于对黑白图像快速上色，如下图红色线框所示。

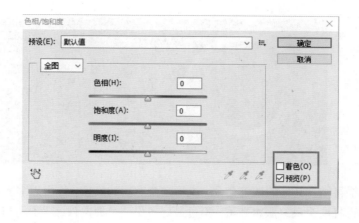

## 3. 亮度／对比度调整

当遇到图像的曝光度不合适的情况时，曝光度太大或者不够，都可以使用亮度／对比度命令来快速处理，其面板如下图所示。

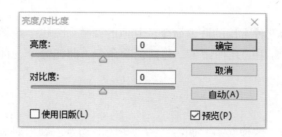

"亮度"就是对图像的明暗进行调整，将滑块往左拖动会变暗，反之，往右拖动滑块就会越来越亮。正确地使用这个调整能够丰富图层的层次感。为了方便观察，以下图中简单的玉佩配件为例，对其进行调整。

通过对亮度、对比度的调整，我们能得到另外一种感觉的图像，如下图所示。

同理，如果再结合其他的调整命令，说不定会有新的灵感。你可以多多尝试这些调整，根据你的喜好选择一个最终版本即可。不过最好备份一个源文件，就不用担心无法恢复了。

# 6.4 主要命令简介

除了上面提到的三种常用的调整命令，其他的调整命令也会经常使用，我们在这里主要介绍在 CG 绘画中常用的几种命名，包括色阶命令、曲线命令、自然饱和度命令以及替换颜色命令。

## 1. 色阶命令

在菜单栏中执行"图像"→"调整"→"色阶"命令，弹出对应的调整面板，如下图所示。

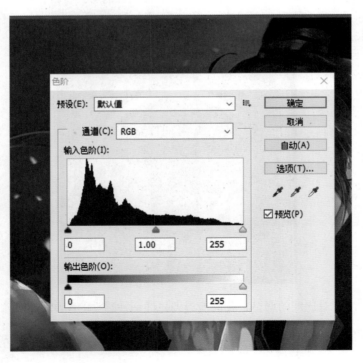

第一个"预设"选项一般直接使用默认值，"通道"选项也基本使用默认值，也就是RGB通道。在"输入色阶"这个部分，有黑色、灰色和白色的滑块，它们分别作用于黑场、灰场和白场的调整，一般调整灰场就是用于划分黑白区域，可以理解为整体的调整。如下图所示，将灰色滑块向右移动，黑色区域比例增大，画面整体变暗。

然后依次滑动白色滑块和黑色滑块，分别对白场、黑场进行调整，观察下面两张图片，能够看出细微的区别。

## 2. 曲线命令

曲线命令的调整面板如下图所示。

虽然曲线命令和色阶命令的调整面板完全不同，但是两个命令的原理是一样的，我们在使用曲线调整命令对图像进行调整时，主要是通过对对角线的那条参考线进行调整，以参考线为界限，上面相当于白场，下面相当于黑场。

使用时，大胆地进行多次调整，常常会有意外效果，用法很简单，这里就不具体演示了。

### 3. 自然饱和度命令

在自然饱和度命令的调整面板中有两个参数，分别是"自然饱和度"和"饱和度"，如右图所示。这里的饱和度和"色相/饱和度"中的"饱和度"选项是一样的，当数值太大时，画面中的一些颜色可能会"过曝"，以至于失去了美感和真实性。而"自然饱和度"本身存在一个保护机制，也就是不会作用于画面中已经饱和的部分，在此基础上对其他部分会有适当调整。

### 4. 替换颜色命令

看这个命令的名字就能知道其大概的作用。我们可以选择画面中的某种颜色，然后对其进行调整，实现颜色的替换，该命令的调整面板如下图所示。

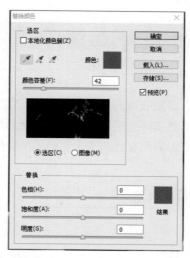

这里有三个吸管工具，如下图所示。

第一个吸管工具主要用于选择画面中需要调整的颜色，直接在图像中单击即可；如果画面中有与目标颜色相近的颜色，就可以使用第二个吸管工具将其选中；如果选色的范围过大，选中了一些并不需要改变的颜色，则使用第三个吸管工具从选中的范围中减去多余的颜色。

另外，需要设定"容差"范围，将调整范围确定到对应的颜色区域，然后在下面的"替换"选框中对其色相、饱和度以及明度值进行调整，如下图所示。

# 第7章 古风人物绘制

## 7.1 古风人物头部画法

在绘制古风人物头部时，着重表现的是人物的面部五官，因为人物的性格特征在一定程度上需要通过五官表现。虽然实际生活中人的性格不会具体表现在脸上，但是在绘画中更着重外在表现，所以有时需要借助五官塑造人物的性格特征。

### 7.1.1 人物头部基础绘制

**1. 五官基础结构比例**

人脸的基础比例为"三庭五眼"，简单地说，就是将脸长三等分，脸宽五等分。下面以一个比较中性的人脸为例，如下图所示。我们可以看出发际线、眉骨、鼻底和下巴在纵向上的等比例关系。另外，两只眼睛之间的距离和眼睛宽度也是等比例关系。

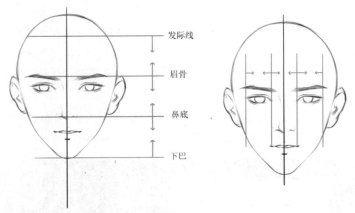

在"三庭五眼"的基础比例上，通过改变五官的大小和形态，可以表现不同的人物性格特征。现在我们在上图的基础上，对眼睛、鼻子和嘴巴等五官的大小和形状进行调整，得到如下图所示的效果，能够直观地看到人脸在年纪上的变化。

## 2. 头部的基础朝向

除了上文说到的正面，常用的头部朝向还有侧面和 3/4 侧面，如下图所示。

侧面：

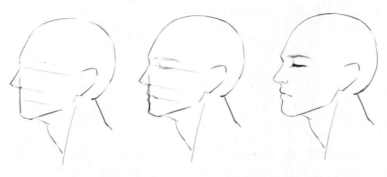

3/4 侧面：

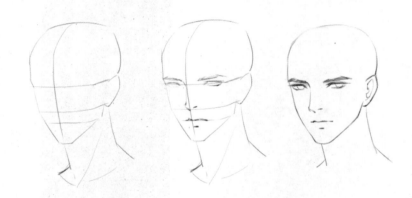

3/4 侧面最为常用，由于头部转动的原因，存在对应的透视关系，所以五官的大小和形态都需要注意。

在通常情况下，都是在这个基础比例上做相应调整，塑造出不同年龄阶段、性格以及性别的角色。

## 7.1.2 女性角色头部绘制

与男性角色相比，女性角色的五官线条会更加圆润、柔和，这样能够更加体现女性五官的温柔、细腻。

## 1. 线稿绘制

初学者往往更容易掌握短线条，那么我们就用短线条确定面部的朝向和角度，再衔接起来，让它形成一个球状，然后确定五官的位置，逐步刻画五官，如下图所示。

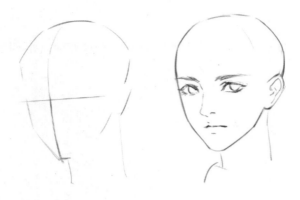

## 2. 上色解析

　　首先铺设大面积底色，如果是包括头发和服饰的线稿，一般连头发的底色一起铺上。这样有个对比，有利于我们对面部颜色的色相及深浅进行判断。如果是单独的光头人物，在后期加上头发和服饰之后，可能需要进行颜色调整，让整个画面更加统一，如下图所示。

　　画出明暗及面部大色调，一般在不受环境色影响的情况下，人物眼皮及下颌部分的颜色偏冷，鼻头及面颊的颜色偏暖，如下图所示。

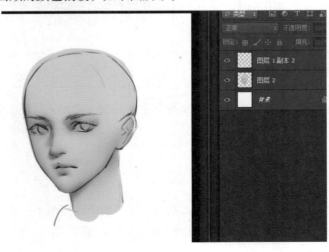

降低面部线稿的透明度，使其与下面的色彩融合，直接从图上拾取颜色，使用均匀且不带机理的笔刷（如前文讲过的渐影笔刷）柔和地过渡面部的冷暖色，如下图所示。

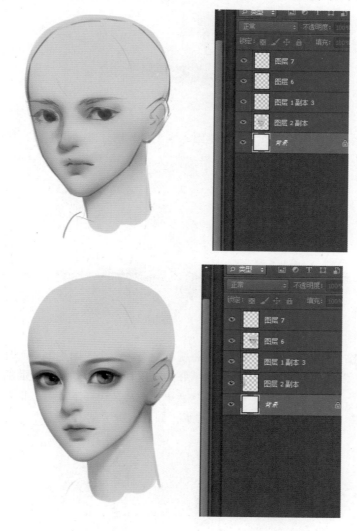

　　眼睛细化：俗话说眼睛是心灵之窗，一个人的神采绝大部分取决于眉眼（画眼睛时可以把整个眼睛当成一个球体来画，这样便于理解。注意，眼睛是一个弧形，一定别画平了），如下图所示。

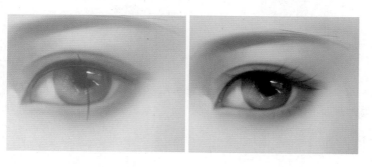

眉毛一般前疏后密，由前往后，由外往内顺着长，眉头可以用肤色晕开一下，显得自然，如下图所示。

嘴鼻细化：注意体积感，尤其是嘴巴，画出体积感才能显得饱满，如下图所示。

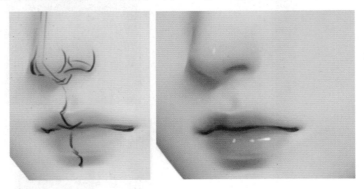

耳朵细化：耳朵是一个特别容易被忽视的地方，很多人因为懒得画耳朵，或者不会画耳朵，就用头发把耳朵盖起来，这样是不好的。用耳朵隔断刘海和后面的头发可以让头发显得"透气"，而不是黑黑的一大片。笔者单独把耳朵讲一下，可以把耳朵里面看似很复杂的结构看成"Y"字形，这样就好理解了，如下图所示。

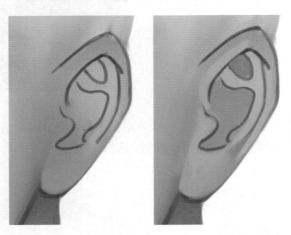

整体深入刻画，主要是修正细节及打上高光，眼球及唇部的高光很重要，可以使整个人变得神采奕奕，如下图所示。

### 3. 女子的不同外貌及性格表现

前文讲述的女子整体绘制范例就属于柔和型的，人物性格以眉眼的表现尤为突出。眼角、眉尾平缓的人物会显得比较温柔，反之则显得凌厉。

古风人物的眼睛整体以杏眼、桃花眼、丹凤眼最为常见，女子的眼睛则又以杏眼、桃花眼居多。

杏眼：形状较圆，神韵中多带清新、俏皮的感觉，适用范围比较广，如大家闺秀、小家碧玉、江湖侠女等都很适合。在表现清新、活泼的人物性格特征时，可以搭配弯弯的新月眉。另外，大家闺秀的类型可以使用平整秀丽的眉形，会使人物显得更加端庄、典雅，如下图所示。

桃花眼：眼睛略长，上眼皮较宽，眼尾细且略弯，形状似桃花花瓣，眼神迷离，比较妩媚。名伶、花魁、宫中嫔妃等角色适用，搭配桃红色眼影更显风韵，搭配弯眉或者比较妩媚的眉形比较常见，如下图所示。

丹凤眼：内眼角朝下，眼尾上挑，颇具威仪之感，一般配合丹凤眼的眉毛也要上挑一些，显得气势更足。在描绘一些妖艳的女子时，这样的眉眼搭配也很适合，如下图所示。

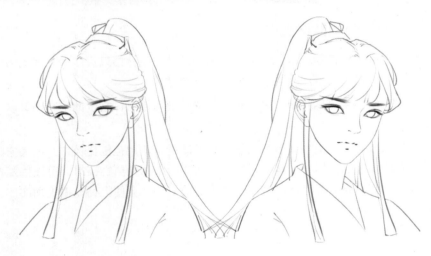

一般我们都对这些眉眼进行搭配，并对其做相关调整，如变大或者变小，对人物的表情神韵做出更加合适的表现。

## 7.1.3 男性角色头部绘制

男性角色轮廓清晰、较刚毅，而古风男性角色主要以俊秀儒雅为美。即使是武将类，人物轮廓依然以俊朗、邪魅之类为准，如古代有名的美男子兰陵王，其记载形容也是面如冠玉。

## 1. 线稿绘制

　　在线稿绘制的步骤方面，男女并无差别。之前女性角色的角度为平视角，那下面男性角色便以一个微仰的类似角度为例，方便对比男女的区别，男子的脸型一般比女子的长一些，如下图所示。

## 2. 上色解析

　　首先和之前一样铺设大面积底色，给男性角色的肤色打底时可以适当深一些，随后确定明暗关系。因为男性角色五官的立体轮廓鲜明一些，所以笔者把面部的明暗关系放在男性角色这里讲，如下图所示。

可以做几个不同光线的肤色材质球作为参考，如下图所示。

我们选择比较常用的迎光面来细化，让阴影的过渡更加柔和一些，图层方面前文已讲述，这里就不再赘述了。和画女性角色时一样，在人物的皮肤上添加一些颜色，让肤色看起来通透，如下图所示。

眼睛细化：比起女性角色的眼睛，男性角色的要深邃、狭长一些，眼皮和眼角可以使用纯度较高的颜色，能显得比较魅惑，如下图所示。

嘴鼻细化：男性角色的鼻子更加笔挺，嘴唇较薄，嘴唇在晕色时由内往外画，两片嘴唇抿合处颜色最深，同时也需注意体积感，如下图所示。

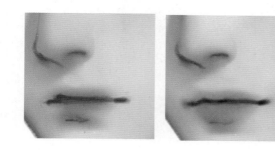
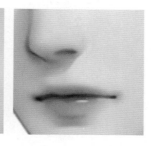

后期调整：现在角色脸色看上去略暗，我们可以在曲线命令的调整面板中动拉曲线，将角色调亮一些，再加强一下对比度。这一步在正常情况下是要根据周围背景环境来调整的，这里只简单讲解了一下，如下图所示。

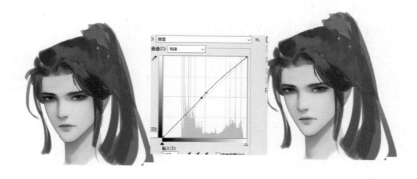

**小提示：**

前文也讲过调整画面，你可以根据具体情况灵活地运用到实际绘画中。对画面的整体把握会有很大的帮助。

另外，在利用男性面部特征对角色性格进行表现时，主要是通过改变眼睛和眉毛的形状来实现的，基本上与前文所述一致。

## 7.1.4 儿童与 Q 版人物头部绘制

从整体的结构上来讲，儿童与成人的头部构成是一样的，不同的是，儿童的脸更接近 Q 版的比例，更加突出眼睛，并且脸的轮廓也更加圆润、可爱。

### 1. 线稿绘制

儿童头部的绘制过程与前文所述的男女性角色头部的绘制过程一样，甚至儿童与 Q 版人物的头部绘制还会更加简单。下面先画出头部及五官的轮廓，如下图所示。

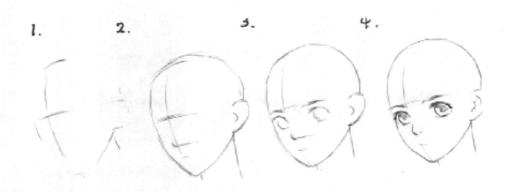

然后画出头发的大体轮廓，儿童与Q版人物的脸部基本上不做性别区分，多以发型辨别，如下图所示。很显然，从左至右分别为男孩和女孩。

如果一定要在脸部对儿童和Q版人物的性别做区分，可以通过控制嘴巴的大小来做变化。通常来讲，男孩的嘴巴可以大一点，女孩相反，如下图所示。同时对线稿做进一步细化。

### 2. 上色解析

　　儿童与Q版人物的上色比起写实的也要简单一些，不太讲究冷暖融合，应注意明暗关系，颜色清爽即可，如下图所示。

铺大底色：　　　　　　　　　　　　　　分明暗：

　　眼睛细化，和成年人眼睛的绘制方式一致，把眼睛当成一个球体来画，避免画平了，如下图所示。

　　综合调整，整体细化。主要把面部留下的笔触进行整合和过渡。

# 7.2 古风人物发型的画法

发型在表现人物的身份地位、性格、性别以及社会背景等方面有重要作用。我国历史悠久，不同朝代的人物发型都有其特点，发型不仅可以给人物的风采气质加分，更能表现一个人的性格，以及其身份地位、社会背景等。

## 7.2.1 古风女子发型

古风女子的发型繁多，并且随着时代的变化，在简单与复杂的发型之间交替，同时融合各个时代的特征，构成了古风女子发型的多样性。根据发型的整体造型来分类，主要有平髻、双髻、偏髻、高髻。

### 1. 平髻

平髻常见于秦汉时期，造型简单、整洁，与现代女子长发造型类似，如下左图所示的刘海中分。然后用发带将头发束于脑后，如下中图所示。或者做坠马髻，如下右图所示。

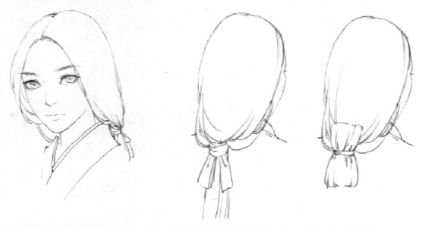

除了上图所示的刘海中分，也可以将前额刘海梳起来，如下图所示。

## 2. 双髻

双髻常见于唐宋时期，多用于年纪较小或者性格活泼可爱的角色，丫鬟之类的角色也会常常用到双髻。一般将双髻分为平双髻和高双髻。

与平髻相比，双髻的造型相对复杂，对于这种复杂的发型，在绘制时可以先画草图确定整体造型，然后再做进一步细化，如下左图所示。另外，这里把头发扎起来，因此需要表现头发的疏密关系，如下中图所示，很明显，"疏"主要在中间段，而"密"主要在发髻部分。最终效果如下右图所示。

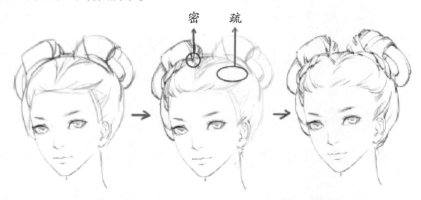

平双髻和高双髻的不同可以直接从字面上区分，下图分别是高双髻的正面和背面图。

## 3. 高髻

顾名思义，就是发髻高耸，常用于古代身份高贵的女子，如宫廷妃嫔。常见的高髻造型如下图所示（分别为正面和背面造型）。

### 4. 偏髻

偏髻存在于各个朝代，是应用相当广泛的一个发型，如下图所示为常见偏髻的正面和背面造型。

## 7.2.2 古风男子发型

与繁多的古风女子发型相比，古风男子的发型相对简单，常见的发型有披发和束发，也有半披发的造型，然后再加上简单的发饰作为装饰即可。

其实绘画本身属于一种艺术创作，通常是在现实已有造型的基础上做衍生变化，也会因为画面设计的需求绘制出可能不常见的造型。比如，有身份地位的角色不会在古代披头散发地出门，但是在古风男子的绘画中这却是一种常见的发型。所以在设计发型时，也不必过于拘泥是在真实历史中存在的发型，可以根据具体情况做相应调整。

## 1. 披发

在绘制古风男子发型时，披发是较为常见的一个发型，类似于我们常说的"黑长直"，但是为了避免出现过于凌乱或者死板的披发造型，我们需要注意头发之间的穿插和疏密关系。另外，有时为了贴合角色性格，还可以增加一些装饰，比如，辫子和发饰，如右图所示。

除此之外，还可以在刘海上做一些变化，如下图所示。两种不同的披发可以表现出不同的角色气质，"黑长直"的披发更加稳重，较碎的披发就显得更加潇洒一点，如下图所示。

## 2. 束发

古风男子最常见的发型应该就是束发了，其形式更加多样化，比如，斜束和正束。在绘画里使用更多的是正束，并且能够以其为基础进行进一步调整，比如，增加发冠的复杂性。如下图所示，从左至右分别是斜束、正束戴冠和更加精致的正束戴冠。除此之外，还可以在刘海上做花样，可以对角色的性格、年龄进行进一步区分，在具体绘制时可以多多尝试。

## 3. 半披发

半披发就是结合上面两种发型而形成的一种发型，同样有较多的应用。常见的半披发造型如下图所示。

# 7.3 人体结构及动态解析

## 7.3.1 基础人体比例及体型特征

在现实生活中，成年人的人体比例大多是 8 头身，在绘画中，如果想要塑造一种更加修长、理想的身材，也可以定位为 9 头身。如下图所示，分别是成年男子、成年女子以及儿童的基础人体比例。

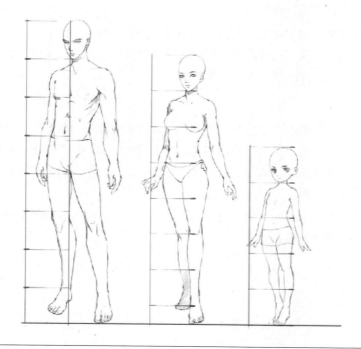

## 7.3.2 男子身体结构及动态表现

### 1. 男子简化结构

我们在练习画人体时可以把人简化成各种几何形组合，这样便于理解。古风男子身材比较颀长，和女子的主要区别在于肩和臀，宽肩窄臀为古风男子通用标准，如下图所示。

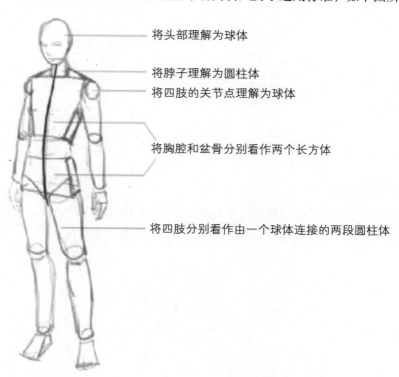

将头部理解为球体

将脖子理解为圆柱体

将四肢的关节点理解为球体

将胸腔和盆骨分别看作两个长方体

将四肢分别看作由一个球体连接的两段圆柱体

上图中蓝线勾勒的地方是初学者在绘制中容易出错的地方，初学者往往容易漏掉颈部与肩膀连接的肌肉，以及在侧身情况下我们能看到的身体厚度，很多初学者把人物画得单薄，往往就是没有把身体的厚度表现出来。

## 2. 男子动态表现

在画人物动态时我们在心里要有一个概念，表现出来即为"剪影"，然后确定一根动态线，如下图所示中的蓝色线条，再确定几个关节点的走向，如下图所示中红色的圆圈。这样我们便能让剪影具象化，确定一个人物的大概动态。在这个阶段，不用把图画得很大，画得小一些便于整体掌握。

沿着动态线和关节点，结合前文讲过的简化结构，把动态的大体轮廓画出来，如下图所示的绿色线条，下面展示几个基本动作。

① 站立

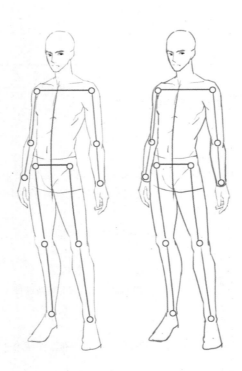

② 整体动态

我们在整体画图时，如果需要表现衣袖翻飞，比较飘逸的画面，那么在画人物动态时，衣服的走向最好也一起画了，如下图所示的造型就在风中零乱。

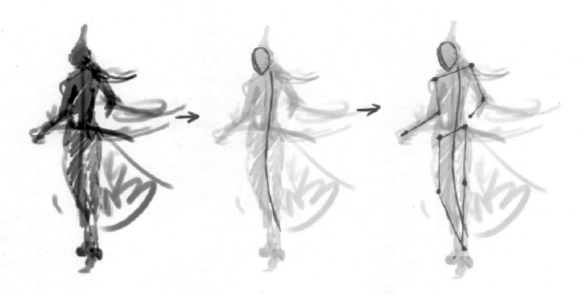

到下面这一步，整体动态结构就已经很明确了，把武器的大概方向也确定一下。武器以及和人物搭配的其他物件在定位时都要顺着人物的动态走势来画，如下图所示，黑色的弧线箭头为人物拿武器的动势轨道。

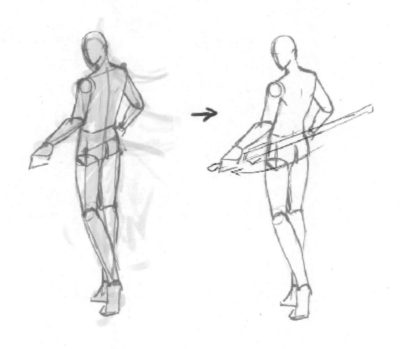

成品图效果如下图所示。

小提示：
  画衣服动态走势时需要注意，衣服动的方向在没有外界作用力（比如大风）的情况下，和人的动势是相反的，人向前动，衣服就往后飘。

完稿展示：

### 7.3.3 女性身体结构及动态表现

#### 1. 女子简化结构

女子在身体基本结构上和男子并没有太大差别，本节主要讲一些有差别的地方。比起男子，女子的身体要更加纤细一些，主要体现在肩膀窄、腰细、臀部比较饱满，当然还有男子没有的乳房，如下图所示。

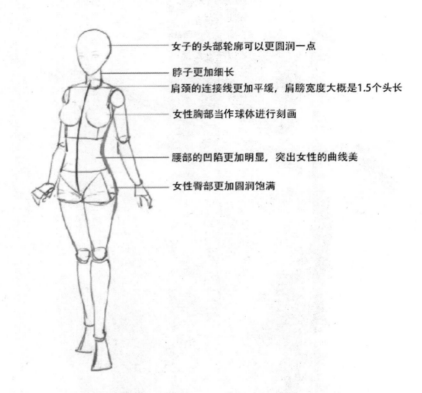

女子的头部轮廓可以更圆润一点

脖子更加细长

肩颈的连接线更加平缓，肩膀宽度大概是1.5个头长

女性胸部当作球体进行刻画

腰部的凹陷更加明显，突出女性的曲线美

女性臀部更加圆润饱满

画"木头人"是练习人体的一种好方法，因为相对简单，比较适合初学者。

#### 2. 女子动态展现

女子动态在绘制步骤上和男子是一样的，只是在动作上不像男子那么外放，女子要柔软、轻盈一些。

##### ① 站立

女子在站立时一般要挺胸，如下图所示。男子微弓背还能显得挺立，女子弓背就难看了（特殊动作及武将类人物除外）。

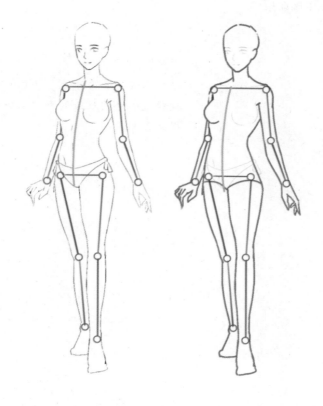

### ② 女子整体动态演示

　　前文男子演示的是站立姿势，那么在女子这边，我们就演示一个坐着的姿势。整体过程是差不多的，只是需注意一些女子的曲线，如下图所示。

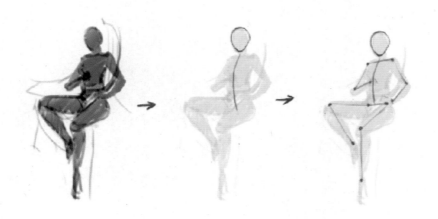

　　相对前文的男子案例，女子的动作要"静"一些，还是在关节点画出人物的大体动态结构，道具的位置也画一下，如下图所示。

成品图效果如下图所示。

小提示：

　　人在坐着的时候，即使有外力作用，被腿或者胳膊压着的部分衣服也不会飘得太厉害。

完稿展示：

# 第8章 古风男子立绘的绘制

这是一个自由创作的演示，我们在自由创作时需要在心里对要画的人物有一个大致的框架。比如，要画的是一个什么样的人、多大年纪、什么性格，在这个大框架下进行创作，可以让自己更有目标，甚至我们可以给这个人物假设一段故事，有利于激发自己的灵感。

## 8.1 整体动态绘制

本节要画一个半身人物立绘，我们设定为一个青年男子，16到18岁，有些叛逆、傲娇，长相帅气。虽然说人物设定得帅不是绝对的标准，不过就学习来说，画帅哥和美女是商业创作最基本的要素了。整体动态上需要与人物性格吻合，比如，双手环胸，微仰视等。

### 8.1.1 人体动态

笔者在教网课时偶而有同学会问，需要画几张动态草稿图呢？这其实没有定数，如果是商业图，甲方要求几张就画几张，自己创作的话，有自己满意的就好。一般来说，笔者会画 2~3 张，如下图所示。

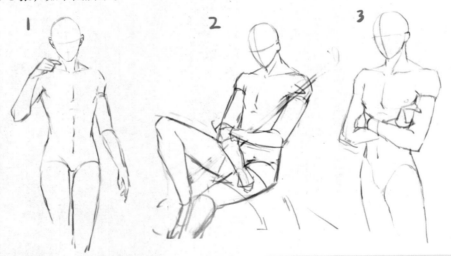

**立绘的用途：**

立绘在商业运用中是特别常见的，玩过"乙女向"游戏的同学应该对立绘在游戏里的运用非常熟悉，没玩过的同学可以了解一下，如《恋与制作人》《遇见逆水寒》等，里面使用了大量的立绘。

一些小说的插画，还有漫画人设，也会需要这类的创作，总体属于人物设计的范畴。

## 8.1.2 服装设计

对于上图中的3个动作，笔者觉得图3更符合笔者需要的设定，如下左图所示。选定了动态，我们就可以大致地加上衣服和发型的设计。在设计衣服时可以使用添加法，就像我们穿衣服一样，一件件由简到繁。毕竟里衣总是差不多的，不是交领就是圆领，立领就是在这个基础上再有些小变化，你在创作时也可以多做一些尝试。

小贴士：

　　我们可以先把人体动态的图层透明度调低，这样更方便在上面设计服装，在设计服装时再新建一层。

① 先简单地画一个交领里衣，如左图所示。

② 加上袖子，在衣服上做一些小变化，这边笔者添加了立领和腰带，腰带使用斜插款，显得人物比较随性，如左图所示。

③ 发型选择了马尾，配合劲装，添加高筒靴，让整个人物看起来显得颀长、利落，如左图所示。

④ 进一步用添加法给服装增加一些细节，在这个阶段需要把服装的大体剪裁都确定出来，花纹等可以先不管。

不用画得太细，主要找到衣服整体剪裁的感觉，如左图所示。笔者用了不同颜色的线条，这个和服装颜色无关，笔者只是为了划分区域。

再看图层，笔者比较习惯按部件分层，方便后期调整。

## 8.2 线稿细化

### 8.2.1 线条的选择

在线稿细化阶段，先来介绍一下适合描线的笔刷。在草稿阶段是比较随意的，使用不太细致的笔刷都是可以的，到了线稿细化阶段，很多初学者就会因 Photoshop 线条抖动的问题而头疼。如下图所示，我们可以使用带有机理的笔刷进行细化，这样可使抖动显得不那么明显，也更有手绘的感觉。

PS 自带硬边圆勾线效果：

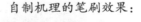

自制机理的笔刷效果：

我们可以看到有机理的笔刷是因为其本身机理的缘故，即使稍微抖动，肉眼看起来也像机理本身，不会太过突兀。

## 8.2.2　制作机理笔刷

我们可以在 Photoshop 里先找一个自带机理的笔刷，本案例用的是 Photoshop CC 2018 版本，Photoshop 各版本之间差别很小，可以忽略。

如下图 1 所示，打开画笔界面，单击界面右上角标红框的位置，导入旧版画笔。对于这个 Photoshop 版本，这样操作会直接导入之前所有版本的画笔，如下图 2 所示会自动分组，笔刷分组的这个功能在早先的 Photoshop 版本中好像没有。

打开干介质画笔的分组（这个分组的笔刷机理相对比较大），选择一个合适的笔刷，如下图 3 所示，笔者选的是蓝框中的笔刷，其机理很明显。

我们可以看到这个笔刷的机理还是很漂亮的，只是用来勾线似乎有些不合适，现在可以打开画笔设置，如下图 1 所示：

现在可以看到如上图2所示的勾选形状动态，并选择钢笔压力，再如上图3所示取消勾选"散布"，便得到了一个适合勾线的笔刷，效果如下图所示。

如果觉得前面的线条机理颗粒太大了，想要小一点，我们可以在双重画笔里面把间距调小一些，同时在形状动态里面加大抖动幅度，如左图所示。这样就可以得到一个机理平滑一些的笔刷，效果如下图所示。

调整笔刷的步骤并非绝对，你可以根据自己的需要及习惯选择不同的调整方式，以达到不同的效果，可以多多尝试。

### 8.2.3 细化描线

与在人体上画衣服一样，我们在草稿上细化线稿也同样需要降低草稿的透明度。在本案例中给草稿建立了一个小组，调低整组的透明度，在实际绘制时也可以直接把草稿层合并到一个图层，如下图所示。

绘制面部线条时需注意一些关键点，如眼皮、唇缝、嘴角的线可以画得重一些，能起到强调结构的作用，如上图所示。

穿插关系及形状

　　绘制头发的关键难点在于分组和穿插关系。分组之间也存在大的穿插和疏密关系，需要有不同的大型，不能过于平均，否则会显得死板，如上图所示。

　　在穿插上，我们尽量选择"Z""Y""V"这种大型的穿插，避免平行，如右图所示。

　　画衣服线条时需要注意的是大轮廓和关节点的线要画得略重一些，用来强调结构，还要注意画出褶皱的疏密关系。

　　如胳膊肘这些弯曲的地方，以及布料和布料之间有挤压重叠的地方较密。相对的，如下摆这种地方就比较平整一些，如左图所示。

　　褶皱穿插在表现上和上面头发的处理在理论上是一样的，都需要避免平行穿插。

醉美古风：Photoshop 零基础学 CG 插画

173

## 8.3 铺大色调

很多初学者一到上色环节就会"苦手"，不知道从哪开始，也不知道上什么颜色。这时我们可以先整体铺一个灰调，如右图所示。

一方面有利于色彩平衡，为后面上色有个明度参照，避免因为白底的"视觉欺骗"导致上色过亮或过暗。

另一方面能够更明确地看到人物的整体剪影，比单线更直观。

然后，我们把不太需要费神的颜色先定下来，比如皮肤、头发。在铺底色时选择比较中性的色调，不要太亮也不太暗。

笔者准备画一个主体为黑色的劲装，那么这个阶段只需要用深灰整体铺色，把大的明暗关系表现出来即可。立绘一般为顶光源，从上往下暗下去，效果如左图所示。

把配色填上，让衣服的细节显得更加丰富，这个阶段同样不需要细画，平涂即可，主要体现出整体的设计感。因为是紧身的衣服，我们可以把衣服包裹着胸肌的结构表现一下。

这个阶段的上色需要注意的是使中间色调不要太亮也不要太暗，为后面的深入细化保留空间。

画一下面部的阴影，下一步就开始细化面部了，如右图所示。

## 8.4 细化面部

进一步加深眼窝和鼻底，把嘴唇的阴影也画上，眼白和黑眼球画一下，眼白用灰色就行，不要太白了，眼球则不要太黑，如下图所示。

在皮肤的明暗过渡上，笔者觉得最实用的两个笔刷就是 Photoshop 自带的"硬边圆"和"软边圆"笔刷，不同的版本在叫法上会有些区别，记住如下图所示的形状就可以了，前者通常用来画结构，后者用来做色彩之间的柔和过渡。

硬边圆（尖角）　　软边圆（柔角）　　两者间的过渡

### 8.4.1 眼睛细化

把线稿图层和下面的底色图层合并，这一步不只合并眼睛图层，是将整个面部线稿图层都合并了，在上面新建一个图层，继续细化，效果如左图所示。

用褐色强调一下双眼皮和内眼睑的位置，这边准备画灰绿色的瞳孔，注意白眼上需要画一点眼皮造成的阴影，这样看起来眼皮和眼球的衔接会更加自然。加深上眼皮，让眼睛显得更加深邃，睫毛可画可不画，看个人爱好，效果如左图所示。

眉毛的部分用深肤色"扫"一下，淡化之前的线稿，可以在眉头处画几根线，用来细化眉毛，其颜色比整体眉色略深即可。最后给眼球打上高光，高光不要使用纯白色，可以略偏点肤色，效果如左图所示。

## 8.4.2 鼻子细化

特别需要注意鼻子的体积关系，以及转过去那面的透视关系。我们可以把鼻子看成一个大球（鼻头）和两个小球（鼻翼），还有鼻底一整片阴影的衔接，不可以过于生硬，也不能看不出体积关系，需要注意这个度，如右图所示。具体细化过程如下图所示。

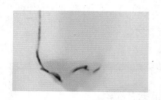

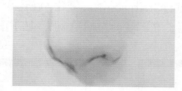

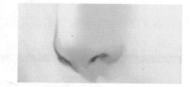

## 8.4.3 嘴巴细化

嘴巴的画法我们可以从唇线处往外晕开，沿着嘴唇的结构，如右图所示按照这个结构把嘴唇的厚度画出来，别画得太"平"了，像一张纸糊在脸上一样。具体细化过程如下图所示。

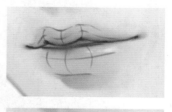

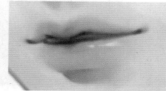

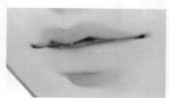

## 8.5 头发细化

下面先看一下画面的整体状态和图层分布（图层分布只是给你的一个参考，并非必须如此分布），如左图所示。

在线稿下的图层绘制头发的整体明暗关系，头部的情况其实和西瓜很像，如下图所示。

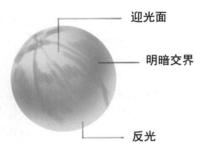

迎光面

明暗交界

反光

按照上述球形（西瓜）的原理把头发细节的明暗关系表现出来，明暗交界可以用大块的波浪形笔刷来表现，方便后面进行发组间穿插的细化（在这个阶段可以不用特别画出亮面，我们的底色不深，表现暗部后，亮部便会自然呈现），如下图所示。

以线的方式细化
亮部和暗部之间的过
渡，这时亮部的细节
可以加一些肤色。一
般在没有特殊光源的
情况下，头发都使用
肤色的补光（如果是
暗色系皮肤，那补光
就使用阳光色，偏浅
褐色），效果如左图
所示。

　　把前面的线稿和底色合并，整体细化，需要注意的是靠近皮肤的头发，以及发尾需要画得虚一些（一般用橡皮擦工具适当擦薄一些），让发丝透出一些皮肤，这样整体看起来会比较通透。如果画得太满，就会导致人物像戴了假发套一样。

　　头发整体的边缘可以适当勾画一些零散的发丝，但要注意不能过多，过多会乱，效果如下图所示。

## 8.6 整体细化

　　同样，我们画衣服也需要先确定每个细节的明暗交界线，因为它是亮面到暗面的过渡，如下图1所示。接下来，如下图2所示使用柔边圆笔刷把之前比较硬朗的笔触融合一下，细节如下图3所示，略微在受光。

　　在衣服表面画些柔和的高光，表现衣服的皮质感。

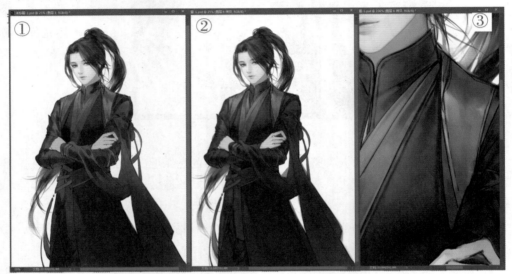

　　把线稿图层和画好明暗关系的底色图层合并，在线稿上进一步细化，这步主要是处理掉一些如上图3里面比较杂乱的线条，让线条和颜色更好地融合，如下左图所示。

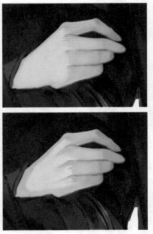

　　细化手部，将关节处的饱和度设置得稍微高一些，这样能显出皮肤的血色，显得比较通透，如左图所示。

　　在男子的手骨关节处还需要强调画一下经络，这样能显得手比较有力度，如左图所示。

## 8.7 细节添加

下面看一下整体图层状态，笔者在这个阶段将线稿图层完全合并了（非必要，看个人爱好，也可将每个部分都保留，如"线稿""底色"和"细化层"图层，笔者一般都会合并，因为笔者觉得图层太多看着难受）。

为了让人物整体显得更加精致，我们可以再添加一些装饰，装饰比较琐碎，如下图所示，可以先用色块把大致形状定下来，看一下整体的感觉。

### 8.7.1 细化头饰

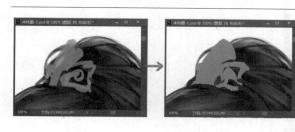

直接以平涂的形式确定头饰的大致形状，如左图所示。

把确定好的形状载入选区，在选区内画出头饰的暗部，同时确定头饰内部的细节，提亮高光。金属光泽的强弱能在一定程度上决定其材质，笔者目前演示的头饰是比较暗雅的，所以并没有把对比画得很强烈，如果喜欢高亮金属效果的话，可以适当加强对比，提亮高光，如下图所示。

## 8.7.2 衣服花纹细化

对于衣服的花纹，我们也可以先平涂一个大体的纹路，云纹和水纹是比较常见的古风纹样，笔者画了一个水纹的变体。如下图所示的那种绑绳也是古风装饰比较常见的，画的时候可直接用色块画简单的"Y"字形，然后堆叠在一起，表现出绑绳的穿插关系。

在细化衣服花纹时，我们需要根据底色的明暗关系适当擦除和加深花纹的颜色，让花纹和下面的底色融为一体。

对于绑绳，我们可以根据之前画好的交叉形状进行描边（描边线条的粗细根据个人审美设置），让穿插的感觉更加明显，如左图所示。

小贴士：

各类饰品的画法大同小异，本节是以色块的手法花的，先画整体色块，确定大致形状，再深入细化。饰品也可以和整体人物线稿一样使用线条来画，只是技法上不同，在线稿中画饰品会在下一章讲到，在实际应用中你觉得怎么方便怎么画即可。

完稿展示：

# 第9章 古风女子图鉴的绘制

下面笔者演示一个商业图的绘制，可以帮助你更准确地了解在商业图中需要注意的一些问题。我们在人物动态等方面都需要和甲方沟通，为了避免后期修改过多，要非常重视构图阶段，可以多画几个动态图给甲方选择。

## 9.1 整体动态绘制

甲方对此图的要求：形式为图鉴，希望少女体态芊细，个性温柔典雅，不需要太大的动作。在这个要求下，相对来说人物动作比较简单，但同时也有了局限性，我们可以设定人物动作为静态的站姿，然后做少许的手部变化，如下图所示。

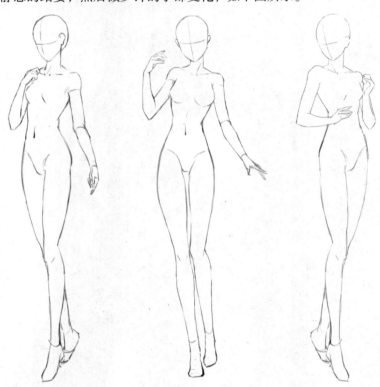

小贴士：

我们需要确定人物的身体比例，芊细型女子的胸就要平一些。胸部过大的话，身体曲线太过前凸后翘，就多少会显得成熟，有失少女感，这是在身体比例上需要考虑的事情（这个环节也需要把想法和甲方确认）。

然后，我们需要给人物加上衣服。本案例的衣服设计是甲方提供的，不用另行设计，只需要大致画出衣服动势即可。如下图所示为甲方提供的游戏 3D 截图，我们可以看到衣服的设计。

画这套衣服时重点需要表现出衣服在人物身上的整体感觉，以及对人物整体气质的影响，不用画得太细，画出大概感觉就可以了。如下图所示，现在画出了 3 个动态造型，图 1 略显板正，图 2 有些妖娆了，最后甲方定了图 3。

## 9.2 细化线稿

　　和画男子一样，我们还是从面部开始细化，这里女子的面部轮廓在草稿阶段没有表现，还是需要先画一个大概感觉。女子的眼睛相较男子的一般要大一些、圆一些，尤其温柔系的女子，大眼睛、小嘴巴算是标配了，如下图所示。

　　在头发线稿的细化上需要注意的问题和前文差不多，还是需要注意好疏密关系和穿插关系。头饰的小花会复杂一点，可以先把大致形状勾画出来，再去画花瓣的形状和纹路，如下图所示。

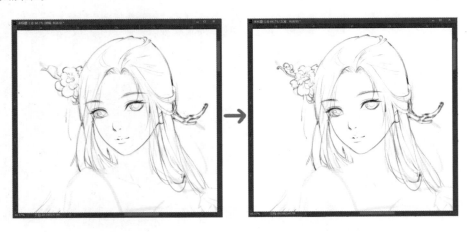

画衣服线稿时，用笔可以轻柔一些，尤其荷叶边的地方褶皱也较多，在内部小褶皱花纹的地方，用线可以比外轮廓浅一些，以便突出外轮廓。单独新建一个"扇子"图层，方便后期调整，如下图所示。

注意裙子和袖子下摆荷叶边的疏密排布，如袖口那种花纹类（红线）的小边，自身形状要均匀，下摆形成褶皱（蓝线）的排布则不能太均匀，要有起伏，如下图所示。

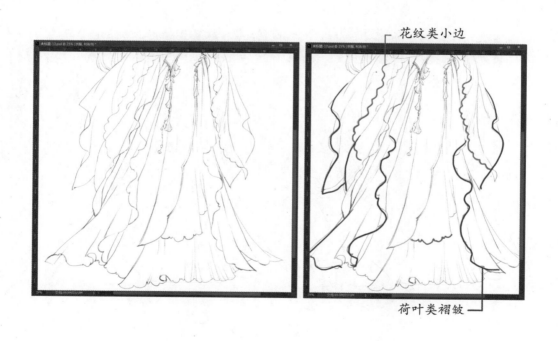

花纹类小边

荷叶类褶皱

整体线稿展示：

很多初学者在画线稿时比较纠结的是线条会抖，线条画不顺怎么办。其实线条稍微抖一点没关系，上完色，不管是用于印刷还是网络展示，都是看不出来的。只要整体的疏密关系是舒服的，就可以了。

对于线条的练习，只有多画才能熟能生巧，画多了，线条自然会比较顺畅。

# 9.3 铺大色调

在配色上，因为原本是有设定图的，所以需要考虑的比较少，我们可以直接加颜色。这张图的难点在于白底白衣，难以分辨，我们在铺设白色部分时要稍微画得灰一些，和背景区分开。粉白色的裙子配一些小金饰，整体效果偏暖，可以在暗部配一些冷色中和一下，效果如下图所示。

小贴士：

　　这张图整体都是浅色系的，而且衣纹较为繁杂，黑色的线条在底色上便显得格格不入，这时我们需要把线稿的颜色调整得和衣服接近一些，整体看起来才比较和谐，在后面细化时也看着比较舒服。

　　对于画面整体明暗关系，这一步和前文讲男子时没有差别，只是衣服更加复杂一些。需要注意的细节比较多，并且白色和黑色不同，白色很容易被印上别的颜色，周围有什么颜色就反衬什么颜色，补光也会很明显，里裙是粉色的，那么白色的暗部就会映衬出粉色和肤色，也需要加上冷色来补光，效果如下图所示。

# 9.4 面部细化

　　女子的面部更需要表现皮肤白皙、透亮的感觉，适当在暗部添加冷光，可以使皮肤显得比较透亮，黑眼球要画得大一些，显得人物温柔、纯净，就好像小孩子的黑眼球都比较大。唇色可以选择粉一些的颜色，比较能衬托衣服，也符合典雅的人物设定，如下图所示。

## 9.4.1 眼睛细化

　　我们可以给眼球映衬一些衣服的粉色来表现眼球的明暗，显得人物比较温柔。在眼角也可以叠加一些粉色，可以新建一个图层，使用颜色模式来叠加，这样画的时候就不会盖住之前画好的眼眶细节，如下图所示。

　　然后加上眼睫毛和瞳孔的高光就可以了，眉毛也需要跟着一起细化，可以用线条画一下眉毛的走势，如右图所示。

### 9.4.2 鼻子嘴巴细化

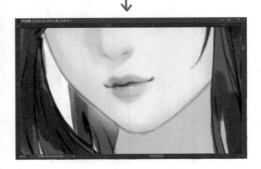

　　女子的鼻子、嘴巴以小巧、饱满、挺立为主，都有些圆嘟嘟的感觉，其体积感较男子的更容易表现。嘴唇的高光可以亮一些，更显得水润，细化过程如右图所示。

### 9.4.3 面部整体细化

　　可以给女子面部加点红晕，显得人物娇俏可爱，一般加在眼睛下方或者脸颊上，头发在脸颊上形成的阴影也可以顺带画一下，如下图所示。

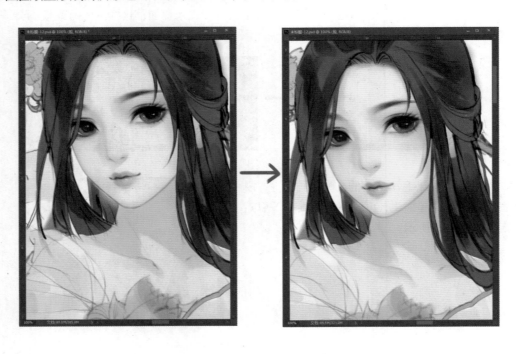

# 9.5 头发细化

　　在头发细化上和前面差不多，这张图中散下披着的头发较多，在穿插上会更零散一些。绘制整体明暗时已经把头发的明暗交界线定下来了，沿着明暗交界线细化，在暗部画一点冷色调的反光。人物头后面戴的小花发钗要细化花朵的纹路，如下图所示。

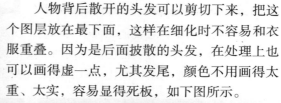

　　人物背后散开的头发可以剪切下来，把这个图层放在最下面，这样在细化时不容易和衣服重叠。因为是后面披散的头发，在处理上也可以画得虚一点，尤其发尾，颜色不用画得太重、太实，容易显得死板，如下图所示。

## 9.6 衣服细化

　　细化衣服的明暗过渡，强调画出袖口的小荷叶边的颜色深度，与内衬的色彩对比，对于白色的衣服部分，主要以粉色和灰色刻画暗部，暗部辅以冷色添光（辅以较强的冷色添光，是强调冷暖对比的夸张手法），如下图所示。

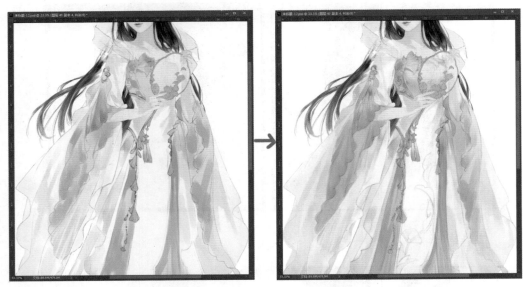

　　进一步细化衣服，主要是加强明暗对比，以及细化衣服上的纹路及花纹，我们可以以线条的形式强调小荷叶边（粉色衣服的袖口及裙摆）的纹路，同时细化手部，女子的手比较柔软，不需要过多的结构细化，只需把光源表现清楚即可，如下图所示。

下面画肩部飘带，这部分因为是透明的，相对比较难处理一些，之前没有和衣服一起细画，现在我们需要重新勾勒一下飘带的外轮廓线。这个图层要在衣服图层上面，然后直接在线稿下平涂一层粉色，把填充度调低。画金属配饰时先在线稿下另外新建一个图层，然后铺上底色，如下图所示。

同样，我们先把透明肩带和金属配饰的暗部在线稿下表现出来，再大体画出亮部，将线稿和底色合并后，使用加深工具强调一下金属的对比即可，如下图所示。

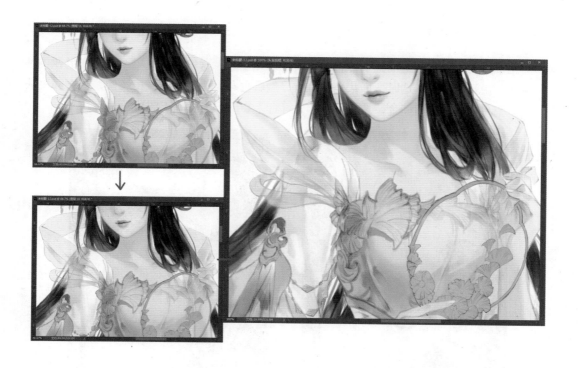

## 9.7 扇子等配饰刻画

### 9.7.1 扇子细化

　　画扇子底色时我们已经铺好了半透明的感觉，下面主要刻画扇边和扇柄的体积感，细化花朵即可。花朵可以画成中间白周边深的类型，与头上的小花发钗呼应，最后合并线稿，处理一下和手的衔接，如下图所示。

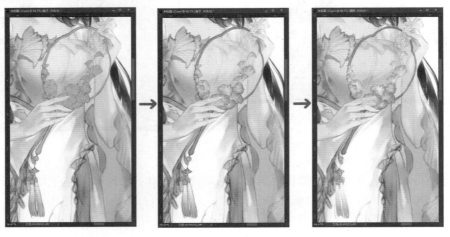

### 9.7.2 眉间花钿

　　花钿是古装里常用的面部装饰，显得女子妩媚多姿，这里也加上一个花瓣状的花钿。先画一个花瓣的形状，这时把形状平涂就行，然后把花瓣上部略微擦掉一些，让它和皮肤有一个过渡，显得更加贴合，又不张扬，更符合人物的设定，如下图所示。

完稿展示：

# 第10章 古风Q版人物的绘制

　　笔者画过的Q版角色一般都有写实的版本，当然这并不是说一定要这样，只是这样的情况比较常见。有时候是甲方除了要求画一张写实的图，还要求画一张Q版的图。下面就以一张画好的写实作品来创作Q版人物。

写实版展示：

# 10.1 Q版构图及线稿

　　Q版相对简单一些，在构图上可以随意一点，Q版多以2头身到3头身为主，下面便以3头身为例进行绘制。笔者画了两种动态造型，如下图所示。

　　上图1为笔者选定的动态，下面开始细化线稿。Q版线稿用线和写实的没有区别，褶皱等方面的表现要相对简单、整洁一些，画起来也会简单一些，如下图所示。基础比较薄弱的初学者，刚开始学绘图时可以从Q版入手，自己喜欢的"游戏""动漫""影视"里的角色都是不错的练习素材。

## 10.2 Q版整体上色

在Q版上色这边，下面演示一个和前面不同的方法（只是为了讲不同的方法，并非必须）。

我们使用一个带些机理纹路的笔刷铺底色（随便什么笔刷，带点纹理即可），目的是为了让成稿有水墨的感觉。这种方法相对平涂来说更快捷，但是较难掌握，弄不好就显得脏兮兮的，你可以酌情尝试，如下图所示。

整体调色完成后，开始刻画明暗，这时依然可以使用带机理的笔刷，但纹路不宜太大，不然肯定显得乱，效果如下图所示。

# 10.3 Q版整体细化

　　笔者没有单独分脸、头发等图层，因为Q版形象比较小，不太容易出纰漏，就整体一起画了，最后画得差不多了再合并线稿图层，最后做整体调整，如下图所示。

　　合并线稿和底色图层，进一步细化，加深眼眶，让人物的眼神显得更加"犀利"一些，这样比较可爱，符合整个Q版人物小傲娇的气质。头发的画法和写实的一样，不过不用那么细致。衣服同理，笔者都是用比较大的色块，如下图所示。

完稿表情展示：

**创作思路：**

    在创作这张作品时，甲方要求人物是一个狐妖，要冷冷清清、有些慵懒的感觉，服装要灰色系的。

    因为要有冷清的感觉，所以笔者定了冷色系的色调。

    要体现慵懒感，笔者画了比较随意、不太拘谨的服装款式。

    加上甲方当时给的思路就挺不错，希望在外套上有仙鹤图案，笔者便酌情加了点儿不大不小的仙鹤纹案，甲方和笔者都挺满意整体的效果。

    你如果不知道怎么创作或画些什么，也可以给自己定一个设定，像写命题作文一样，然后用绘画的方式把它表现出来，这也是非常不错的练习方法。

**创作思路:**

这是手游《神都夜行录》的同人作品,笔者画的是其中的一个妖灵——涂山小月。这个角色是狐族族长,气质上有些妩媚但又比较呆萌。

笔者倾向于创作出妩媚沉稳的呆萌"萝莉",便按这个思路创作了。绘画的过程真是一件很有意思的事情,按照自己的想法去解读人物并让她跃然于纸上,是不是很棒呢?

**创作思路：**

　　这张是笔者教网课时创作的作品，当时学生们说看多了笔者画白天的作品，想看一下夜晚的作品。不论男女，想必你心中都有那么一个白衣飘飘、宛若谪仙的角色。

　　月夜、白衣、湖水边，人物映衬着朦胧的月光，在心里这么一想便觉很美了。

**创作思路：**

　　这张作品是笔者为之前的一本个人画册《千秋绘》创作的封面图，当时主要的想法是点题，想要一个人拿着笔，并且有画卷，这些就是构成画面的元素。

　　再以"千秋"为标准，在人物的服装造型上，笔者使用了看起来古今皆可的设计。在整体色彩上，水墨感比较浓重，突显"绘"的感觉。

　　作为封面，吸引读者注意还是比较重要的，笔者便设计了带有艳红花朵的笔以及破出卷轴的蔷薇，用以打破整体墨色的沉闷感。

创作思路:

　　这张作品很有意思，当时笔者正在做樱花服装，做完拍照后觉得真是太美了，于是想画一个这样的古风男子。没错，我们的创作就要天马行空。

　　衣服有樱花纹饰，然后体现出整个人晶莹剔透的感觉。